概率论与数理统计同步训练

（第2版）

赵学达　主　编

屈磊磊　于　滨　马永刚　副主编

清华大学出版社

北　京

内 容 简 介

本书是结合工科数学教材《概率论与数理统计》编写的同步训练，共8章，主要内容包括：概率论的基本概念、随机变量及其分布、多维随机变量及其分布、随机变量的数字特征、大数定律及中心极限定理、样本及抽样分布、参数估计、假设检验等内容的配套习题以及详细解答. 每章分为小节习题和自测题两大部分. 附录1为2016—2023年全国硕士研究生入学统一考试数学(一)中概率论与数理统计部分试题及其详细解答. 附录2为期末考试模拟题及其详细解答.

本书可作为普通高等学校理工类学生学习"概率论与数理统计"的辅导材料，也可以作为考研的备考用书.

图书在版编目(CIP)数据

概率论与数理统计同步训练/赵学达主编. —2版. —北京：清华大学出版社，2024.6(2025.2重印)
ISBN 978-7-302-66144-3

Ⅰ. ①概…　Ⅱ. ①赵…　Ⅲ. ①概率论—高等学校—习题集②数理统计—高等学校—习题集
Ⅳ. ①O21-44

中国国家版本馆CIP数据核字(2024)第085673号

责任编辑：刘　颖
封面设计：傅瑞学
责任校对：薄军霞
责任印制：宋　林

出版发行：清华大学出版社
网　　址：https://www.tup.com.cn，https://www.wqxuetang.com
地　　址：北京清华大学学研大厦A座　　**邮　　编**：100084
社 总 机：010-83470000　　**邮　　购**：010-62786544
投稿与读者服务：010-62776969，c-service@tup.tsinghua.edu.cn
质量反馈：010-62772015，zhiliang@tup.tsinghua.edu.cn
印 装 者：三河市天利华印刷装订有限公司
经　　销：全国新华书店
开　　本：185mm×260mm　　**印　　张**：10.75　　**字　　数**：235千字
版　　次：2016年3月第1版　2024年6月第2版　　**印　　次**：2025年2月第2次印刷
定　　价：32.00元

产品编号：103023-01

前言

概率论与数理统计是研究和揭示随机现象统计规律性的数学学科，其课程是理工类、经管类、农科类相关专业的一门重要基础课，也是硕士研究生入学考试的重点科目．作为应用数学学科，概率论与数理统计不仅具有数学学科所共有的特点：高度的抽象性、严密的逻辑性和广泛的应用性，而且具有更独特的思维方法．为使初学者掌握概率论和数理统计的基本概念，熟悉数据处理、数据分析、数据推断的各种基本方法，并能用所掌握的方法解决生活中的实际问题，我们编写了这本同步训练．

本书内容是编者团队在深入研究课程教学大纲，并结合多年的教学实践经验基础上，采用依据课程教学内容逐节安排习题的方式设定．编者希望学生通过做题训练掌握概率论与数理统计的相关知识，并希望通过所给出的习题详解来规范学生的解题步骤．各小节习题难度遵循由易到难的方式，逐步加深对知识的理解，学生可以通过章节自测题来了解自己对知识的掌握情况．

为使学生了解研究生入学考试题型及考查范围，编者选取了近几年的考研真题中的概率论与数理统计试题及其详解作为附录1．准备考研的同学可以通过研读这一部分内容来了解考研命题动态．附录2为期末考试模拟题，学习此门课程的同学可以通过做期末考试模拟题检验自己对课本知识的掌握程度．

本书在编写过程中，得到了大连海洋大学信息工程学院数学教研室教师的支持和帮助，编者谨致谢意．

限于编者的水平，本书难免存在不足和错误之处，恳请读者不吝指正．

编　者

2023年12月

目 录

第1章

概率论的基本概念

习题 1-1

一、填空题

1. 填写下列试验的样本空间：

(1) 掷两颗骰子记录出现点数之和____________________；

(2) 生产产品直到有10件正品为止，记录生产产品总件数____________________.

2. 设 A,B,C 为三个事件，用 A,B,C 的运算表示下列事件：

(1) A,B 均不发生但 C 发生____________________；

(2) A,B,C 恰有一个发生____________________；

(3) A,B,C 至少有一个发生____________________；

(4) A,B,C 都不发生____________________；

(5) A,B,C 至多有两个发生____________________.

二、选择题

1. 甲、乙两人射击，A,B 分别表示甲、乙射中目标，则 $\overline{AB}$ 表示(　　).

A. 甲、乙都未射中　　B. 二人未都射中

C. 至少有一人没射中　　D. 至少有一人射中

2. A,B,C 表示三个事件，则 A 不发生而 B,C 均发生可表示为(　　).

A. $\overline{A}\cap B\cap C$　　B. $\overline{A}\cap(B\cup C)$

C. $\overline{A\cup\overline{B}\cup\overline{C}}$　　D. $\overline{A\cup\overline{B\cup C}}$

E. $\overline{A}\cap\overline{\overline{B}\cup\overline{C}}$

3. 下述命题正确的是(　　).

A. $A\cup B=A\overline{B}\cup B$　　B. $\overline{A}B=A\cup\overline{B}$

C. $(AB)\cup(A\overline{B})=A$　　D. $A-B=A-AB=A\overline{B}$

E. 若 $A\subset B$，则 $A=AB$　　F. 若 $A\subset B$，则 $\overline{A}\subset\overline{B}$

G. 若 $B\subset\overline{A}$，则 $AB=\varnothing$

三、简化事件　设 S 为样本空间，试简化 $AB\cup(A-B)\cup\overline{A}$.

四、写出试验的样本空间或事件的集合表示

1. 对某工厂出厂的产品进行检查，合格的记上“正品”，不合格的记上“次品”. 如连续查出 2 个次品就停止检查，或检查 4 个产品就停止检查，记录检查的结果，用 0 表示次品，1 表示正品，则样本空间 $S=$____________________.

2. 在抛一枚硬币三次的试验中，1 表示正面，0 表示反面，试写出下列事件的集合表示.

(1)“至少出现一个正面”=____________________；

(2)“最多出现一个正面”=____________________；

(3)“恰好出现一个正面”=____________________；

(4)“出现三面相同”=____________________.

习题 1-2

一、填空题

1. 已知一、二、三班男、女生的人数(单位：人)如下表：

性别 \ 班级	一班	二班	三班
男	23	22	24
女	25	24	22

从中随机抽取一人，则该生是一班学生或是男生的概率为________.

2. 有 10 件产品，其中 4 件为不合格产品，无放回地任取 3 件，则 3 件都是正品的概率为________，这 3 件产品中恰有 1 件次品的概率为________，这 3 件产品中至少有 1 件次品的概率为________.

3. 若房间有 10 人，分别戴 1 号到 10 号的纪念章，任取 3 人，记录纪念章的号码，则最大号码为 5 的概率为________，2 号或 3 号纪念章至少有一个没有取到的概率为________.

4. 一幢 8 层楼房有一部电梯，从底层上了 5 位乘客，乘客从第二层起离开电梯，假设每位乘客在任一层离开电梯是等可能的，则没有两位及两位以上乘客在同一层离开的概率为________.

5. 若事件 A,B 互斥，且 $P(A)=0.4,P(B)=0.3$，则 $P(\overline{A}\,\overline{B})=$________.

6. 将一颗骰子掷两次，则两次骰子点数相同的概率为________，两次骰子点数之差的绝对值为 1 的概率为________.

7. 一袋中有 5 个红球，6 个黄球，7 个蓝球，从中任取 6 个球，试求取到红球数与黄球数相等的概率为________.

二、选择题

1. 现有 6 本中文书，4 本外文书，任意摆在书架上，则 4 本外文书放在一起的概率为(　　).

A. $\frac{4!\ 6!}{10!}$　　B. $\frac{7}{10}$　　C. $\frac{4!\ 7!}{10!}$　　D. $\frac{4}{10}$

2. 已知事件 $A \supset B$,则 $P(A-B)=($　　$)$.

A. $1-P(AB)$　　B. $P(A)-P(AB)$

C. $P(A)+P(B)-P(AB)$　　D. $P(B)$

3. 已知事件 $\overline{A}, \overline{B}$ 互斥,则 $P(\overline{A \cup B})=($　　$)$.

A. $1-P(A)$　　B. $1-P(A)-P(B)$

C. 0　　D. $P(\overline{A})P(\overline{B})$

三、计算在 1～1000 这 1000 个正整数中任取一个数能被 2 或 3 整除的概率.

四、从 1,2,…,9 共 9 个数字中

1. 有放回地取出 5 个数字,求下列事件的概率:

(1) A_1=“最后取出的是奇数”;

(2) A_2=“5 个数字全不相同”;

(3) A_3=“1 恰好出现两次”.

2. 无放回地依次抽取 3 个数,恰为从小到大排列的概率.

五、若 $P(A)=\frac{1}{3}, P(B)=\frac{1}{2}$,试求下列三种情况下 $P(\overline{A}B)$的值:

(1) A 与 B 互斥;(2) $A \subset B$;(3) $P(AB)=\frac{1}{8}$.

六、若 $P(B)=0.3, P(A \cup B)=0.6$,求 $P(A\overline{B})$.

七、设有 3 枚金币，6 枚银币，分别装在 3 个盒子中（每盒 3 枚），求恰好每个盒子都是 1 枚金币、2 枚银币的概率.

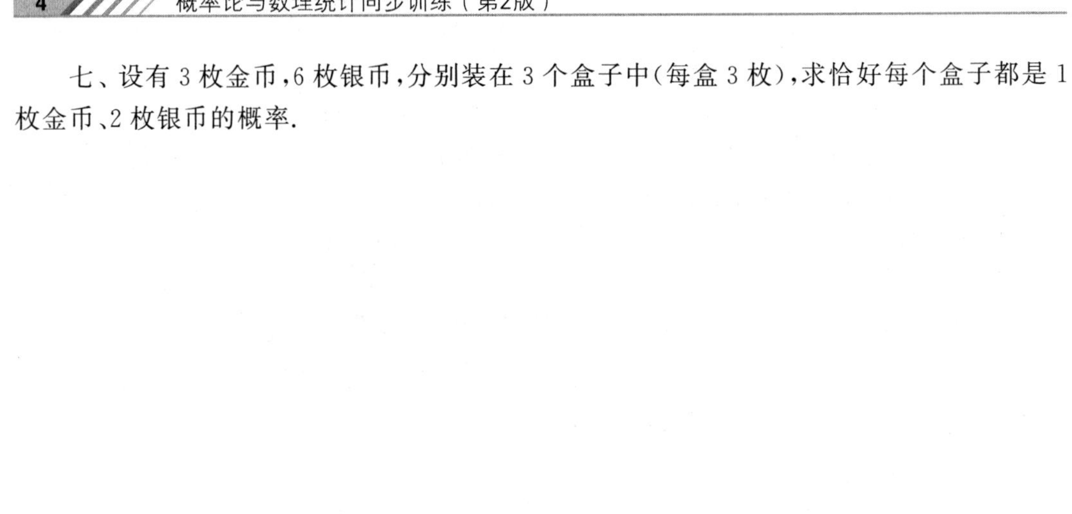

八、在 2 枚伍分币、3 枚贰分币、5 枚壹分币中任取 5 枚，试求被取的 5 枚钱币之和不小于 1 角的概率.

九、50 根螺栓随机地取来用在 10 个部件上，其中有 3 根螺栓质量不合格. 每个部件用 3 根螺栓. 若将 3 根质量不合格的螺栓都装在一个部件上，则这个部件强度就太弱. 问发生一个部件强度太弱的概率是多少.

十、将 3 个球随机地放入 5 个杯子中去，问杯子中球的最大个数分别是 1，2，3 的概率各为多少.

十一、某盒中有 10 件产品，其中 4 件次品. 今从盒中取产品 3 次，一次取一件，不放回，求第三次取出的是正品的概率以及第三次才取得正品的概率.

十二、在区间(0,1)内随机地取两个数，则两数之和小于$\frac{6}{5}$的概率为多少?

习题 1-3

一、填空题

1. 已知 $P(A)=0.3, P(B)=0.4, P(A|B)=0.32$，则 $P(AB)=$________，$P(A\cup B)=$________，$P(\overline{AB})=$________.

2. 若 10 个零件中有 3 个次品，每次从其中任取一个零件，取出不再放回，则第三次才取得次品的概率为________.

3. 据气象记录知道，一年中甲市雨天比例占 0.5，乙市雨天比例占 0.3，两地同时下雨的比例占 0.1，则在甲市下雨的情况下乙市也下雨的概率为________；已知甲、乙两地至少有一地下雨的情况下，甲地下雨的概率为________.

4. 若 $P(A)=0.7, P(\overline{B})=0.6, P(A\overline{B})=0.5$，则 $P(A|A\cup B)=$________.

5. 已知 $P(A)=P(B)=P(C)=\frac{1}{4}, P(AB)=P(BC)=0, P(AC)=\frac{3}{16}$，则事件 A, B，

C 全不发生的概率为________.

6. 若市场出售的灯泡中由甲厂生产的占 70%，乙厂生产的占 30%，甲、乙两厂的合格率分别为 95%、80%. 今从市场上买了一个灯泡，则是由甲厂生产的合格品的概率为________，是由乙厂生产的不合格品的概率为________.

7. 若袋中 10 个球中有 2 个带有中奖标志，两人分别从袋中任取一球，则第二个人中奖的概率为________.

二、选择题

1. 设盒中有 10 个木质球，其中 3 个涂红色、7 个涂蓝色，还有 6 个玻璃球，其中 2 个涂红色、4 个涂蓝色，从中任取一球，记 A ="取到蓝色球"，B ="取到玻璃球"，则 $P(B|A)=$（　　）.

A. $\frac{6}{10}$　　B. $\frac{1}{16}$　　C. $\frac{4}{7}$　　D. $\frac{4}{11}$

2. 若 A 与 B 互斥，且 $P(A)\neq 0$，$P(B)\neq 0$，则下列等式成立的是（　　）.

A. $P(A\overline{B})=0$　　B. $P(B|\overline{A})=0$

C. $P(\overline{B}|A)=1$　　D. $P(AB)=P(A)P(B)$

3. 已知事件 A 与 B 互斥，则（　　）.

A. $P(A\overline{B})=0$　　B. $P(A\cup B)=P(A)+P(B)$

C. $P(B|\overline{A})=0$　　D. $P(\overline{AB})=1$

E. $P(\overline{B}|A)=1$

4. 设 A，B 是任意两个概率不为零的"不相容事件"，则下述结论肯定正确的是（　　）.

A. $\overline{A}$ 与 $\overline{B}$ 不相容　　B. $\overline{A}$ 与 $\overline{B}$ 相容

C. $P(AB)=P(A)P(B)$　　D. $P(A-B)=P(A)$

三、计算题

1. 某人忘记电话号码的最后一个数字，因而随意按最后一个数字，求不超过三次拨通电话的概率.

2. 某种动物能活到 20 岁以上的概率为 0.8，能活到 25 岁以上的概率为 0.4. 现在有一只 20 岁的此种动物，问它能活到 25 岁以上的概率.

3. 某工厂有机器 A_1,A_2,A_3,它们生产的产品分别占总数的 25%、35%、40%,它们的次品率分别为 5%、4%、2%,将这些产品混合在一起,从中随机取一件产品,求:

(1) 取到次品的概率;

(2) 若取到的一件恰好是次品,它是 A_1 机器生产的概率.

4. 以往数据表明,当机器状态良好时,产品的合格率为 90%,当机器发生故障时,产品的合格率为 30%,每天早上机器开动时,机器状态良好的概率为 75%.设某日早上机器生产的第一件产品是合格品,试问机器状态良好的概率.

5. 设甲袋有 2 个白球、1 个黑球,乙袋中有 1 个白球、2 个黑球,现从甲袋中任取两球放入乙袋中,再从乙袋中任取一球,问取得白球的概率为多少.

6. 某人下午 5:00 下班,他的积累资料表明:

到家时间	5:40 以前	5:40~5:50	5:50 以后
乘地铁到家概率	0.30	0.55	0.15
乘汽车到家概率	0.60	0.25	0.15

某日他抛硬币决定乘地铁还是乘汽车，结果是 5：47 到家，问他是乘地铁回家的概率为多少.

7. 盒中有 12 个乒乓球，其中 3 个为旧球，9 个为新球，第一次比赛从中任取 3 个来用，赛后仍放回盒中. 第二次比赛时，再从盒中任取 3 个.

(1) 求第二次所取出的球都是新球的概率；

(2) 若第二次取出的球都是新球，求第一次取出的球都是新球的概率.

8. 某种产品的商标为“MAXAM”，其中有两个字母脱落，有人捡起脱落的字母后随意放回空出的位置，求放回后仍为“MAXAM”的概率.

9. 设考生的报名表来自 3 个地区，分别有 10 份，15 份，25 份，其中女生的报名表分别为 3 份，7 份，5 份. 随机地从一地区先后任取两份报名表，求：

(1) 先取的那份报名表是女生的概率 p；

(2) 已知后取的报名表是男生的，而先取的那份报名表是女生的概率 q.

习题 1-4

一、填空题

1. 甲、乙二人同时向敌机射击(相互独立)，已知甲、乙击中敌机的概率分别是 0.6，0.5，则敌机被击中的概率是________.

2. 设 A 与 B 元件以相同的概率正常工作，且相互独立，线路正常工作的概率为 $\frac{15}{16}$，则每个元件正常工作的概率为________.

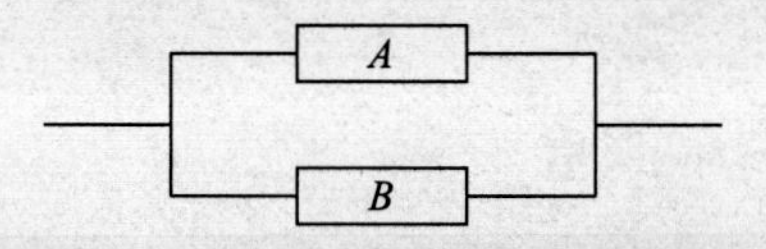

3. 甲、乙两批种子，发芽率分别为 0.8 和 0.7，在两批种子中各随机取一粒，则两粒种子都发芽的概率为________；至少有一粒种子发芽的概率为________；恰有一粒种子发芽的概率为________.

4. 若 $P(A)=a, P(B)=b, P(C)=c, P(AC)=d$ 且 A, B 独立、B, C 互斥，则 $P(A\cup B\cup C)=$________.

5. 三次独立试验，事件 A 出现的概率相等，若事件 A 至少出现一次的概率为 $\frac{19}{27}$，则事件 A 出现的概率为________.

二、选择题

1. 若 $P(A)+P(B)>1$，则事件 A 与事件 B 一定（　　）.

A. 不相互独立　　B. 相互独立　　C. 互斥　　D. 不互斥

2. 若 $P(\overline{A\cup B})=[1-P(A)][1-P(B)]$，则事件 A 与事件 B（　　）.

A. 互斥　　B. $A\supset B$　　C. $\overline{A}$ 与 $\overline{B}$ 互斥　　D. 相互独立

3. 线路中元件 A 与 B 并联后再与 C 串联，A,B,C 正常工作概率均为 $\frac{1}{2}$，且各元件工作正常与否互不影响，则该线路正常工作概率为（　　）.

A. $\frac{7}{8}$　　B. $\frac{3}{8}$　　C. $\frac{1}{2}$　　D. $\frac{1}{8}$

4. A 与 B 为两个概率不为零的互斥事件，则以下结论肯定正确的是（　　）.

A. $\overline{A},\overline{B}$ 互斥　　B. $\overline{A},\overline{B}$ 相容

C. $P(AB)=P(A)P(B)$　　D. $P(A-B)=P(A)$

三、计算题

1. 三人独立破译密码，已知三个人单独能译出的概率分别为 0.2，0.25，0.3，问能将密码译出的概率是多少？

2. 一个工人照管三台车床，在一段时间内各车床不需要工人照管的概率分别是 0.9、0.8、0.7，且各车床是否需要工人照管互不影响，求这段时间最多有一台车床需要工人照管的概率.

3. 乒乓球比赛规定，先胜三局的运动员获胜，若甲、乙两人每一局获胜的概率分别为 0.6，0.4，当比赛进行两局时，甲以 2∶0 获胜，求总的比赛中甲获胜的概率.

*4. 将 A,B,C 三个字母之一输入信道,输出为原字母的概率为 α,而输出为其他字母之一的概率都为 $(1-\alpha)/2$,今将 AAAA,BBBB,CCCC 之一输入信道,输入这三个字母串的概率为 $p_1,p_2,p_3(p_1+p_2+p_3=1)$,已知输出为 ABCA,问输入是 AAAA 的概率是多少?

5. 设两个相互独立的事件 A 和 B 都不发生的概率为 $\frac{1}{9}$,A 发生 B 不发生的概率与 B 发生 A 不发生的概率相等,求 $P(A)$.

6. 设一人群中有 37.5%的人血型为 A 型,20.9%为 B 型,33.7%为 O 型,7.9%为 AB 型,已知允许输血的血型配对如下表. 现在从人群中任选一人为供血者,再任选一人为受血者,问输血成功的概率是多少?

受血者＼供血者	A 型	B 型	AB 型	O 型
A 型	√	×	√	√
B 型	×	√	√	√
AB 型	√	√	√	√
O 型	×	×	×	√

注:√—允许输血;×—不允许输血.

自测题 1

一、选择题(共 5 小题,每题 4 分,共 20 分)

1. 已知 A,B 同时发生时,C 一定发生,则必有(　　).

A. $P(C)=P(AB)$　　B. $P(C)\leqslant P(A)+P(B)-1$

C. $P(C)=P(A\cup B)$　　D. $P(C)\geqslant P(A)+P(B)-1$

2. A 与 B 互斥,且 $P(A)P(B)>0$,则必有(　　).

A. $\overline{A}$ 与 $\overline{B}$ 互斥　　B. $\overline{A}$ 与 $\overline{B}$ 互逆

C. $P(A\cup\overline{B})=P(\overline{B})$　　D. $P(A\overline{B})=P(\overline{B})$

3. 已知 $P(A)=0.3$,$P(B)=0.5$,$P(A\cup B)=0.6$,则 $P(AB)=$(　　).

A. 0.15　　B. 0.2　　C. 0.8　　D. 1

4. 一次抛 3 枚质地均匀的硬币,恰好有两枚正面向上的概率为(　　).

A. 0.75　　B. 0.25　　C. 0.625　　D. 0.375

5. 设每次试验事件 A 发生的概率为 p,重复进行 n 次试验,事件 A 发生 r 次的概率为(　　).

A. $\mathrm{C}_n^r p^r(1-p)^{n-r}$　　B. $\mathrm{C}_{n-1}^{r-1} p^r(1-p)^{n-r}$

C. $\mathrm{C}_{n-1}^{r-1} p^{r-1}(1-p)^{n-r+1}$　　D. $p^r(1-p)^{n-r}$

二、填空题(共 5 小题,每题 4 分,共 20 分)

1. 将两封信随机地投入 4 个邮箱内,则未向后两个邮箱中投信的概率为________.

2. 已知 $P(A)=0.9$,$P(B)=0.8$,$P(B|\overline{A})=0.75$,则 $P(A|\overline{B})=$________.

3. 一批产品共有 16 件正品,4 件次品,无放回地从中抽样 2 次,每次抽样 1 件,则第 2 次抽出为次品的概率为________.

4. 一宿舍内有 8 名同学,则他们之中恰好有 3 个人生日在同一月份而其他人生日在不同月份的概率为________.

5. 若 $P(A)=0.5$,$P(B)=0.6$,$P(C)=0.4$,$P(AC)=0.3$ 且 A,B 独立、B,C 互斥,则 $P(A\cup B\cup C)=$________.

三、解答题(共 5 小题,每题 12 分,共 60 分)

1. 设 $P(A)=0.5$,$P(B)=0.6$,$P(B|\overline{A})=0.4$,求 $P(AB)$.

2. 一批产品共有 50 件,其中 3 件次品,现从这批产品中连续抽取两次,每次抽取一件,在有放回抽样和无放回抽样两种情况下,求第一次抽到正品而第二次抽到次品的概率.

3. 甲、乙、丙三人向同一飞机射击，设击中飞机的概率分别为0.4，0.5，0.7，如果只有一人击中，则飞机被击落的概率为0.2，如果有两人击中，则飞机被击落的概率为0.6.如果三人都击中，则飞机一定被击落.求飞机被击落的概率.

4. 玻璃杯成箱出售，每箱20只.假设各箱含0，1，2只残次品的概率相应为0.8，0.1，0.1.某顾客欲购买一箱玻璃杯，在购买时，售货员随意取一箱，而顾客随机地查看4只，若无残次品，则买下该箱玻璃杯，否则退回.试求：

(1) 顾客买下该箱玻璃杯的概率；

(2) 在顾客买下的该箱玻璃杯中，没有残次品的概率.

5. 一箱产品由A，B两厂生产，并且分别占60%，40%，其次品率分别为1%，2%.现在从中任取一件为次品，问此时该产品是哪个厂生产的可能性最大？

第2章

随机变量及其分布

习题 2-1

一、填空题

1. 一袋中装有5只球，编号为1，2，3，4，5，在袋中同时取3只球，以 X 表示取出3只球的最大号码，则 X 的分布律为________.

2. 某人射击的命中率为0.9，如果击中目标或子弹用尽就停止射击，以 X 表示射击的次数.

(1) 若只有5发子弹，则 X 的分布律为________.

(2) 若子弹不受限制，则 X 的分布律为________.

3. 设随机变量 X 的分布律为 $P\{X=k\}=\dfrac{a}{N}, k=1,2,\cdots,N$，则常数 $a=$________.

4. 设随机变量 X 的分布律为

X	1	2	3
p	0.3	0.4	0.3

则 $P\{2\leqslant X<4\}=$________；分布函数 $F(x)=$________.

5. 设 $X\sim\pi(\lambda)$，且已知 $P\{X=1\}=P\{X=2\}$，则 $P\{X=4\}=$________.

6. 一批晶体管中有10%的次品率，现从中抽取10只，以 X 表示抽取10只中的次品数，则 $P\{X=2\}=$________，$P\{X\geqslant 2\}=$________.

7. 设随机变量 X 的分布函数 $F(x)=\begin{cases}0, & x<0,\\ 0.3, & 0\leqslant x<1,\\ 1, & x\geqslant 1,\end{cases}$ 则 X 的分布律为________.

8. 掷4枚骰子，X 为出现点数1的骰子数，则 X 的分布律为________.

9. 若在长度为 t 的时间内收到紧急呼救次数 $X\sim\pi\left(\dfrac{1}{2}t\right)$，与时间间隔无关，则中午12点至下午5点至少收到1次紧急呼救的概率为________.

10. 若随机变量 X 的分布函数为 $F(x)=\begin{cases}0, & x<0,\\ Ax^2, & 0\leqslant x\leqslant 1,\\ 1, & x>1,\end{cases}$ 则常数 $A=$________.

二、选择题

1. 已知随机变量 X 的分布律为

X	0	1	2	3
p	0.1	0.3	0.4	0.2

则 $F(2)=($　　$)$.

A. 0.2　　B. 0.4　　C. 0.8　　D. 1

2. 某人打靶,命中率为0.8,独立射击5次,则5次射击恰有2次命中的概率为(　　).

A. $0.8^2\times0.3^3$　　B. 0.8^2　　C. $\frac{1}{5}\times0.8^2$　　D. $C_5^2 0.8^2\times0.2^3$

3. 若 $X\sim\pi(2)$,则下述命题成立的是(　　).

A. X 只取非负整数　　B. $P\{X=0\}=e^{-2}$

C. $F(0)=e^{-2}$　　D. $P\{X=0\}=P\{X=1\}$

E. $P\{X\leqslant1\}=2e^{-2}$

4. 若随机变量 X 的分布律为 $P\{X=k\}=p^k(1-p)^{1-k}$,$k=0,1$,则 X 服从的分布为(　　).

A. $X\sim b(1,p)$　　B. 0-1两点分布　　C. 几何分布　　D. 泊松分布

E. 前四种都不是

5. 在下列函数中,可作为随机变量分布函数的是(　　).

A. $F(x)=\frac{1}{1+x^2}$　　B. $F(x)=\frac{3}{4}+\frac{1}{2\pi}\arctan x$

C. $F(x)=\begin{cases}0, & x<0,\\ x^2, & x\geqslant0\end{cases}$　　D. $F(x)=\begin{cases}0, & x<0,\\ \frac{x}{1+x}, & x\geqslant0\end{cases}$

三、计算下列各题

1. 若随机变量 X 的分布函数 $F(x)=A+B\arctan x$,求:(1) A,B;(2) X 的分布密度;(3) $P\{-1<X\leqslant1\}$.

2. 若 $X\sim b(2,p)$,$Y\sim b(3,p)$,且 $P\{X\geqslant1\}=\frac{5}{9}$,求 $P\{Y\geqslant1\}$.

3. 一本500页的书，共有500个错字，每个错字等可能地出现在每一页上，试求在给定一页上至少有三个错字的概率.（提示：用到泊松分布表.）

4. 设有同类仪器300台，各仪器工作相互独立且发生故障的概率为0.01，通常一台仪器的故障由1人来维修.问至少配备多少维修工人才能保证仪器发生故障又不能及时得到维修的概率小于0.01.

5. 一汽车沿一街道行驶，需要通过3个均设有红绿信号灯的路口，每个信号灯为红或绿与其他信号灯为红或绿相互独立，且红绿两种信号显示的时间相等，以X表示该汽车首次遇到红灯前已通过路口个数，求X的分布律.

6. 假设某自动生产线上产品的不合格率为0.02，试求随意抽取的30件中，

(1) 不合格产品不少于两件的概率；

(2) 在已经发现一件不合格产品的条件下,不合格产品不少于两件的概率.

7. 假设某药物产生副作用的概率为 2‰,求在 1000 例服用该药的患者中,(1) 恰好有 0,1,2,3 例出现副作用的概率,并利用泊松分布求其近似值;(2) 最少有 1 例出现副作用的概率,并利用泊松分布求其近似值.(提示:用到泊松分布表.)

习题 2-2

一、填空题

1. 已知随机变量 X 的概率密度为 $f(x)=\frac{c}{1+x^2}$,则常数 $c=$________.

2. 已知某元件的寿命(单位:h)服从参数 $\lambda=\frac{1}{600}$的指数分布,则元件寿命超过 300h 的概率为________.

3. 上题中,如果有这样的 3 个元件(相互独立),则这 3 个元件中至少有一个元件寿命超过 300h 的概率为________.

4. 若随机变量 $X\sim N(\mu,1)$且 $P\{|X-\mu|<d\}=0.95$,则 $d=$________.

5. 设 $X\sim N(2,4)$,则(不用查表计算)$P\{X>2\}=$________.(查表计算)$P\{|X|<3\}=$________.若 $P\{|X-2|<c\}=0.95$,则 $c=$________.

6. 若随机变量 $X\sim N(3,5)$,则 $P\{2\leqslant X<4\}=$________.

7. 若 $X\sim U(-a,a)$,其中 $a>0$,且 $P\{|X|<1\}=P\{|X|>1\}$,则常数 $a=$________.

二、选择题

1. 如果随机变量 X 的可能值充满区间(　　)，则函数 $\sin x$ 是 X 的分布密度.

A. $\left[0,\frac{\pi}{2}\right]$　　B. $[0,\pi]$　　C. $\left[0,\frac{3\pi}{2}\right]$　　D. $[0,1]$

2. 已知随机变量 X 的概率密度为 $\phi(x)=\frac{1}{2\sqrt{2\pi}}e^{-\frac{(x-1)^2}{8}}$，则下列各式正确的是(　　).

A. $P\{X\leqslant 0\}=P\{X\geqslant 2\}$　　B. X 服从指数分布

C. $X\sim N(0,1)$　　D. $X\sim N(1,2^2)$

E. $P\{X<1\}=\frac{1}{2}$

3. 若 $X\sim N(0,4)$，则 $P\{X<1\}=$(　　).

A. $\int_0^1\frac{1}{2\sqrt{2\pi}}e^{-\frac{x^2}{8}}dx$　B. $\int_2^1\frac{1}{4}e^{-\frac{x}{4}}dx$　　C. $\frac{1}{\sqrt{2\pi}}e^{-\frac{1}{2}}$　　D. $\int_{-\infty}^{\frac{1}{2}}\frac{1}{\sqrt{2\pi}}e^{-\frac{x^2}{2}}dx$

4. 设随机变量 X 的概率密度为 $\phi(x)=\frac{1}{\sqrt{6\pi}}e^{-\frac{(x-2)^2}{6}}$，且 $\int_c^{+\infty}\phi(x)dx=\int_{-\infty}^c\phi(x)dx$，则 $c=$(　　).

A. 0　　B. $\sqrt{3}$　　C. 2　　D. 1

5. 对于随机变量 $X\sim N(\mu,\sigma^2)$ 的概率密度 $\phi(x)$，下述命题不成立的是(　　).

A. $\phi(0)=\frac{1}{\sqrt{2\pi}\sigma}$　　B. 当 $x=\mu$ 时，$\phi(x)$ 取最大值

C. 当 $x=\mu\pm\sigma$ 时，曲线 $\phi(x)$ 取得拐点　　D. $\phi(x)$ 为偶函数

E. σ 愈小曲线 $\phi(x)$ 愈陡，σ 愈大曲线 $\phi(x)$ 愈缓

6. 若 $X\sim N(0,1)$，$\phi(x)$，$\Phi(x)$ 分别为其随机变量的概率密度函数与分布函数，则下述结论成立的有(　　).

A. $\Phi(0)=\frac{1}{2}$　　B. $P\{X=1\}=0$　　C. $\phi(x)$ 为偶函数　　D. $\Phi(-x)=-\Phi(x)$

E. $y=0$ 为 $\phi(x)$ 的渐近线

7. 设随机变量 X 的概率密度函数为 $\phi(x)$，且 $\phi(-x)=\phi(x)$，$F(x)$ 是 X 的分布函数，则对任意实数 a 有(　　).

A. $F(-a)=1-\int_0^a\phi(x)dx$　　B. $F(-a)=\frac{1}{2}-\int_0^a\phi(x)dx$

C. $F(-a)=F(a)$　　D. $F(-a)=2F(a)-1$

三、计算下列各题

1. 设随机变量 X 服从参数 $\lambda=1$ 的指数分布，求方程 $4t^2+4Xt+X+2=0$ 无实根的概率.

2. 设随机变量 X 的概率密度函数为 $f(x)=\begin{cases} c\mathrm{e}^{-2|x|}, & x>-1, \\ 0, & \text{其他}, \end{cases}$ 求：

(1) 常数 c；(2) $P\{1<X<2\}$；(3) X 的分布函数.

3. 已知随机变量 X 的概率密度函数为 $f(x)=\begin{cases} x, & 0\leqslant x<1, \\ 2-x, & 1\leqslant x\leqslant 2, \\ 0, & \text{其他}, \end{cases}$ 求：

(1) X 的分布函数；(2) $P\{0.2<X<1.2\}$.

4. 若 $X\sim N(2,\sigma^2)$且 $P\{2<X<4\}=0.3$，求 $P\{X<0\}$.

5. 某机器生产的螺栓长度 $X\sim N(10.05,0.06^2)$，规定螺栓长度在 10.05 ± 0.12cm 范围内为合格品，求：(1) 任取一螺栓为不合格品的概率；(2) 任取三件螺栓恰有一件为不合格品的概率.

6. 电子管寿命 X（单位：h）的概率密度为 $f(x)=\begin{cases}\dfrac{1000}{x^2}, & x>1000,\\ 0, & x\leqslant 1000,\end{cases}$ 现有一大批这种电子管，任取 5 只（相互独立），问其中至少有两只寿命大于 1500h 的概率.

习题 2-3

一、填空题

1. 设随机变量 X 的分布律为

X	-1	0	1	2
p	$\frac{1}{8}$	$\frac{2}{8}$	$\frac{3}{8}$	$\frac{2}{8}$

则 $Y=X^2$ 和 $Y=2X+1$ 的分布律分别为

$Y=X^2$	
p	

$Y=2X+1$	
p	

2. 设 $X\sim N(\mu,\sigma^2)$，则 $Y=aX+b$ 的概率密度为______________，特别地，$Y=\frac{X-\mu}{\sigma}$的概率密度为______________.

3. 若随机变量 X 的概率密度为 $f_X(x)=\begin{cases}\frac{2}{\pi(x^2+1)}, & x>0,\\ 0, & \text{其他},\end{cases}$ 则 $Y=\ln X$ 的概率密度为______________.

二、解答题

1. 若对圆的直径作近似测量，其值均匀分布在区间$[a,b]$上，求面积的概率密度.

2. 若随机变量 $X\sim N(0,1)$,求以下随机变量函数的概率密度:

(1) $Y=2X^2+1$; (2) $Y=|X|$.

*3. 已知随机变量 X 的概率密度函数为 $f(x)=\begin{cases}1+x, & -1\leqslant x<0,\\ 1-x, & 0\leqslant x\leqslant 1,\\ 0, & \text{其他},\end{cases}$ 求 $Y=X^2+1$ 的概率密度函数.

4. 设随机变量 X 的概率密度函数为 $f(x)=\begin{cases} ax+b, & 1<x<3, \\ 0, & 其他, \end{cases}$ 并且已知 $P\{2<X<3\}=2P\{1<X<2\}$.(1) 试确定常数 a,b;(2) 求 X 的分布函数.

5. 假设新生入学考试各科的成绩(百分制)都服从正态分布 $N(72,\sigma^2)$,96 分以上的考生占 2.3%,试求随意抽取的一份试卷的成绩介于 60～84 分之间的概率.

6. 设顾客在某银行窗口等待服务的时间为 X(单位：min)具有概率密度

$$f(x)=\begin{cases}\frac{1}{3}e^{-\frac{x}{3}}, & x>0,\\ 0, & \text{其他},\end{cases}$$

某顾客在窗口等待服务，若超过 9min，则离开.

(1) 求该顾客未等到服务而离开窗口的概率 $P(X>9)$；

(2) 若该顾客一个月内要去银行 5 次，以 Y 表示他未等到服务而离开窗口的次数，即事件$\{X>9\}$在 5 次中发生的次数，试求 $P\{Y=0\}$.

7. 设随机变量 X 具有对称的概率密度 $f(x)$，即 $f(x)=f(-x)$. 证明：对于任意的 $a>0$，有

(1) $F(0)=0.5$；(2) $P\{X>a\}=0.5-\int_0^a f(x)\mathrm{d}x$；(3) $F(-a)=1-F(a)$；

(4) $P\{|X|<a\}=2F(a)-1$；(5) $P\{|X|>a\}=2[1-F(a)]$.

8. 假设一部机器在一个工作日因故停用的概率为 0.2，一周使用 5 个工作日可创利润 10 万元，使用 4 个工作日可创利润 7 万元，使用 3 个工作日只创利润 2 万元，停用 3 天及多于 3 天亏损 2 万元，求所创利润的概率分布.

自测题 2

一、填空题(共 5 小题,每题 4 分,共 20 分)

1. 设离散型随机变量 X 的分布律为 $P\{X=k\}=A\left(\frac{1}{2}\right)^k (k=1,2,\cdots)$,则 $A=$ ________.

2. 已知随机变量 X 的密度为 $f(x)=\begin{cases}ax+b, & 0<x<1,\\ 0, & \text{其他},\end{cases}$ 且 $P\left\{X>\frac{1}{2}\right\}=\frac{5}{8}$,则 $a=$ ________,$b=$ ________.

3. 设 $X\sim N(2,\sigma^2)$,且 $P\{2<X<4\}=0.3$,则 $P\{X<0\}=$ ________.

4. 一射手对一目标独立地进行四次射击,至少命中一次的概率为 $\frac{80}{81}$,则该射手命中目标的概率为________.

5. 若随机变量 X 在 $[1,6]$ 上服从均匀分布,则方程 $t^2+Xt+1=0$ 有实根的概率是________.

二、选择题(共 5 小题,每题 4 分,共 20 分)

1. 设 $X\sim N(\mu,\sigma^2)$,那么当 σ 增大时,$P\{|X-\mu|<\sigma\}$( ).

A. 增大　　B. 减小　　C. 不变　　D. 增减不定

2. 下列函数中,可作为某一随机变量分布函数的是( ).

A. $F(x)=1+\frac{1}{x^2}$

B. $F(x)=\frac{1}{2}+\frac{1}{\pi}\arctan x$

C. $F(x)=\begin{cases}\frac{1}{2}(1-e^{-x}), & x>0,\\ 0, & x\leqslant 0\end{cases}$

D. $F(x)=\int_{-\infty}^{x} f(t)dt$,其中 $\int_{-\infty}^{+\infty} f(t)dt=1$

3. 设 X 的概率密度为 $f(x)$,分布函数为 $F(x)$,且 $f(x)=f(-x)$. 那么对任意给定的 a 都有( ).

A. $f(-a)=1-\int_0^a f(x)dx$

B. $F(-a)=\frac{1}{2}-\int_0^a f(x)dx$

C. $F(a)=F(-a)$

D. $F(-a)=2F(a)-1$

4. 假设随机变量 X 的分布函数为 $F(x)$,概率密度函数为 $f(x)$. 若 X 与 $-X$ 有相同的分布函数,则下列各式中正确的是( ).

A. $F(x)=F(-x)$

B. $F(x)=-F(-x)$

C. $f(x)=-f(-x)$

D. $f(x)=f(-x)$

5. 已知随机变量 X 的密度函数 $f(x)=\begin{cases}Ae^{-x}, & x>\lambda,\\ 0, & x\leqslant\lambda\end{cases}$ ($\lambda>0$,A 为常数),则概率 $P\{\lambda<X<\lambda+a\}(a>0)$ 的值( ).

A. 与 a 无关,随 λ 的增大而增大

B. 与 a 无关,随 λ 的增大而减小

C. 与 λ 无关,随 a 的增大而增大

D. 与 λ 无关,随 a 的增大而减小

三、解答题(共 5 小题,每题 12 分,共 60 分)

1. 从一批有 10 个合格品与 3 个次品的产品中一件一件地抽取产品,各种产品被抽到的可能性相同,求在以下两种情况下,直到取出合格品为止,所进行抽取次数的分布律.

(1) 有放回情形;(2) 不放回情形.

2. 设随机变量 X 的概率密度函数为 $f(x)=A\mathrm{e}^{-|x|}(-\infty<x<+\infty)$,求:

(1) 系数 A;(2) $P\{0\leqslant X\leqslant 1\}$;(3) 分布函数 $F(x)$.

3. 对球的直径作测量,设其值均匀分布在 $[a,b]$ 上.求体积的密度函数.

4. 公共汽车车门的高度是按男子与车门碰头的概率在 0.01 以下来设计的，设男子的身高 $X \sim N(168, 7^2)$，问车门的高度应如何确定？

5. 设随机变量 X 的分布函数为 $F(x)=A+B\arctan x\ (-\infty<x<+\infty)$. 求：

(1) 系数 A,B；(2) X 落在 $[-1,1]$ 上的概率；(3) X 的分布密度.

第3章

多维随机变量及其分布

习题3-1

一、填空题

1. 袋中装有2个白球,3个黑球,现进行有放回地摸球,定义

$$X=\begin{cases}1, & 第一次摸出白球,\\ 0, & 第一次摸出黑球;\end{cases}\quad Y=\begin{cases}1, & 第二次摸出白球,\\ 0, & 第二次摸出黑球,\end{cases}$$

则(X,Y)的联合分布律为

X \ Y	

若将上述有放回摸球改为无放回摸球,则(X,Y)的联合分布律为

X \ Y	

2. 设(X,Y)的概率密度为$f(x,y)=\dfrac{1}{\pi^2(1+x^2)(1+y^2)}$,则$(X,Y)$的分布函数$F(x,y)=$ ________;$P\{0<X\leqslant 1,0<Y\leqslant 1\}=$ ________.

3. 若(X,Y)的概率密度为$f(x,y)=\begin{cases}A\sin(x+y), & 0<x<\dfrac{\pi}{2},0<y<\dfrac{\pi}{2},\\ 0, & 其他,\end{cases}$则系数$A=$ ________.

4. 设(X,Y)的分布律为

X \ Y	0	1	2
1	0.1	0	0.2
2	0	k	0.1

则$k=$ ________.

5. 设(X,Y)取数对$(0,0)$，$(1,1)$，$(1,0.5)$，$(2,0)$的概率分别为$\frac{1}{3},\frac{1}{6},\frac{1}{12},\frac{5}{12}$，则$(X,Y)$的分布律为________.

二、计算下列各题

1. 设(X,Y)的概率密度为$f(x,y)=\begin{cases}cx^2y, & x^2\leqslant y\leqslant 1,\\ 0, & 其他,\end{cases}$求常数$c$.

2. 若(X,Y)的概率密度为

$$f(x,y)=\begin{cases}\frac{1}{8}(6-x-y), & 0<x<2,2<y<4,\\ 0, & 其他,\end{cases}$$

求：(1) $P\{X<1,Y<3\}$；(2) $P\{X+Y\leqslant 4\}$；(3) $P\{X\leqslant 1.5\}$.

3. 设(X,Y)分布函数$F(x,y)=A\left(B+\arctan\frac{x}{2}\right)\left(C+\arctan\frac{y}{2}\right)$，求常数$A,B,C$.

*4. 已知(X,Y)的概率密度为$f(x,y)=\begin{cases}Axy, & 0\leqslant x\leqslant 1,0\leqslant y\leqslant 1,\\ 0, & 其他,\end{cases}$求：

(1) 常数A；(2) (X,Y)的分布函数.

5. 设二维随机变量(X,Y)的概率密度为$f(x,y)=\begin{cases} Ce^{-(3x+4y)}, & x>0,y>0, \\ 0, & 其他, \end{cases}$试求：

(1) 常数C；(2) 分布函数$F(x,y)$；(3) $P\{0<X\leqslant 1,0<Y\leqslant 2\}$.

6. 设随机变量(X,Y)服从二维正态分布，其概率密度为

$$f(x,y)=\frac{1}{2\pi 10^2}e^{-\frac{1}{2}\left(\frac{x^2}{10^2}+\frac{y^2}{10^2}\right)},\quad -\infty<x<+\infty,-\infty<y<+\infty,$$

求$P\{X<Y\}$.

7. 设二维随机变量(X,Y)的概率密度为$f(x,y)=\begin{cases} C(R-\sqrt{x^2+y^2}), & x^2+y^2<R^2, \\ 0, & 其他, \end{cases}$

试求：(1) 常数C；(2) 当$R=2$时，二维随机变量(X,Y)落在以原点为圆心$r=1$为半径的圆域内的概率.

习题 3-2

一、填空题

1. 若随机变量$(X,Y)\sim N(\mu_1,\mu_2,\sigma_1^2,\sigma_2^2,\rho)$，则随机变量 X 的概率密度 $f_X(x)=$ ________；随机变量 Y 的概率密度 $f_Y(y)=$ ________.

2. 设(X,Y)的分布律为

$X \backslash Y$	-1	0	1
0	0	$\frac{1}{12}$	$\frac{3}{12}$
1	$\frac{2}{12}$	$\frac{4}{12}$	K

则边缘分布律分别为

X	0	1
p		

Y	-1	0	1
p			

$P\{X=0\mid Y=0\}=$ ________及在 $Y=0$ 条件下随机变量 X 的分布律为

X	0	1
$P\{X=k\mid Y=0\}$		

3. 若 X 与 Y 的联合分布函数为 $F(x,y)=\begin{cases}1-e^{-x}-e^{-y}+e^{-(x+y)}, & x>0,y>0,\\ 0, & 其他,\end{cases}$ 则边缘分布函数 $F_X(x)=$ ________；联合概率密度 $f(x,y)=$ ________.

二、选择题

1. 设(X,Y)的概率密度为 $f(x,y)=\begin{cases}\frac{21}{4}x^2y, & x^2\leqslant y\leqslant 1,\\ 0, & 其他,\end{cases}$ 则其边缘概率密度为(　　).

A. $f_X(x)=\begin{cases}\int_{-\infty}^{+\infty}\frac{21}{4}x^2y\mathrm{d}y, & |x|\leqslant 1,\\ 0, & 其他\end{cases}$　　B. $f_X(x)=\begin{cases}\int_0^1\frac{21}{4}x^2y\mathrm{d}y, & |x|\leqslant 1,\\ 0, & 其他\end{cases}$

C. $f_X(x)=\begin{cases}\int_{x^2}^1\frac{21}{4}x^2y\mathrm{d}y, & |x|\leqslant 1,\\ 0, & 其他\end{cases}$

2. 对于上题中的概率密度，下述等式正确的是________.

A. $\int_{-\infty}^{+\infty} \mathrm{d}x \int_{-\infty}^{+\infty} \frac{21}{4} x^2 y \mathrm{d}y = 1$　　B. $\int_{-1}^{+1} \mathrm{d}x \int_{2}^{1} \frac{21}{4} x^2 y \mathrm{d}y = 1$

C. $\int_{-\infty}^{+\infty} \mathrm{d}x \int_{x^2}^{1} \frac{21}{4} x^2 y \mathrm{d}y = 1$　　D. $\int_{-1}^{+1} \mathrm{d}x \int_{x^2}^{1} \frac{21}{4} x^2 y \mathrm{d}y = 1$

三、计算题

1. 若(X,Y)的概率密度为$f(x,y)=\begin{cases} x^2+\frac{1}{3}xy, & 0<x<1, 0<y<2, \\ 0, & \text{其他}, \end{cases}$求：

(1) 边缘概率密度；(2) $P\{X+Y>1\}$，$P\{Y>X\}$，$P\left\{Y<\frac{1}{2} \middle| X<\frac{1}{2}\right\}$.

2. 设(X,Y)在区域A上服从均匀分布，其中区域A为X轴、Y轴及$x+\frac{y}{2}=1$所围区域，求：(1) 边缘概率密度；(2) $P\{Y<1\}$.

3. 设(X,Y)的概率密度为$f(x,y)=\begin{cases} 8xy, & 0<x\leqslant y\leqslant 1, \\ 0, & \text{其他}, \end{cases}$求：

(1) 边缘概率密度；(2) $P\{X+Y\leqslant 1\}$.

4. 设二维随机变量(X,Y)服从单位圆$D=\{(x,y): x^2+y^2\leqslant 2x\}$上的均匀分布，试求它的边缘概率密度.

习题 3-3

一、填空题

1. 设(X,Y)的分布律为

X \ Y	1	2	3
1	$\frac{1}{6}$	$\frac{1}{9}$	$\frac{1}{18}$
2	$\frac{1}{3}$	α	β

则当$\alpha=$________,$\beta=$________时，X与Y相互独立.

2. 设(X,Y)的概率密度为$f(x,y)=\dfrac{1}{\pi^2(1+x^2)(1+y^2)}$，则$X$与$Y$________(填"独

立”或“不独立”）.

3．设 X 与 Y 相互独立，其分布律分别为

X	1	2
p	$\frac{1}{3}$	$\frac{2}{3}$

Y	1	2
p	$\frac{1}{3}$	$\frac{2}{3}$

则 $P\{X=Y\}=$________.

4．若随机变量 $X_1,X_2,\cdots,X_n$ 独立同分布.

（1）都服从均值为 μ，方差为 σ^2 的正态分布，则随机向量 $(X_1,X_2,\cdots,X_n)$ 的概率密度为________；

（2）都服从 0-1 两点分布，则随机向量 $(X_1,X_2,\cdots,X_n)$ 的分布律为________.

二、判断习题 3-2 第三题第 3 小题中随机变量 X 与 Y 是否相互独立.

三、计算下列各题

1．设相互独立的随机变量 X 与 Y 分别表示两个电子元件的寿命（单位：h），若

$$f(x)=\begin{cases}\dfrac{1}{1000}\mathrm{e}^{-\frac{1}{1000}x}, & x>0,\\ 0, & x\leqslant 0,\end{cases}\quad f(y)=\begin{cases}\dfrac{1}{2000}\mathrm{e}^{-\frac{1}{2000}y}, & y>0,\\ 0, & y\leqslant 0,\end{cases}$$

求两个元件寿命都大于 1000h 的概率.

2．若随机变量 X 与 Y 相互独立，且 X 在 $(0,1)$ 内服从均匀分布，Y 服从参数 $\theta=2$ 的指数分布，设含有 a 的二次方程为 $a^2+2aX+Y=0$，求此方程有实根的概率.

3. 一电子仪器由两部件组成，以 X 和 Y 分别表示两部件的寿命(单位：千小时)，已知 X 与 Y 的联合分布函数为

$$F(x,y)=\begin{cases}1-e^{-0.5x}-e^{-0.5y}+e^{-(0.5x+0.5y)}, & x\geqslant 0, y\geqslant 0,\\ 0, & \text{其他},\end{cases}$$

(1) 问 X 与 Y 是否相互独立；(2) 求两部件寿命都超过 100h 的概率.

习题 3-4

一、填空题

1. 已知(X,Y)的分布律为

X \ Y	0	1
0	$\frac{25}{36}$	$\frac{5}{36}$
1	$\frac{5}{36}$	$\frac{1}{36}$

(1) 记 $Z=X+Y$，则 $P\{Z=0\}=$________；$P\{Z=1\}=$________；$P\{Z=2\}=$________.

(2) 记 $\mu=\max\{X,Y\}$，则 $P\{\mu=0\}=$________；$P\{\mu=1\}=$________.

(3) 记 $v=\min\{X,Y\}$，则 $P\{v=0\}=$________；$P\{v=1\}=$________.

2. 若随机变量 $X_i(i=1,2,\cdots,n)$服从 0-1 两点分布，且相互独立，$P\{X_i=1\}=p$，$P\{X_i=0\}=1-p$，则 $\sum_{i=1}^{n}X_i\sim$______________.

二、解答下述问题

1. 已知随机变量 X 与 Y 相互独立，其概率密度分别为

$$f_X(x)=\begin{cases}1, & 0\leqslant x\leqslant 1,\\ 0, & \text{其他},\end{cases}\qquad f_Y(y)=\begin{cases}e^{-y}, & y>0,\\ 0, & \text{其他},\end{cases}$$

求 $Z=X+Y$ 的概率密度.

2. 若 X,Y 是相互独立的随机变量，且 $X\sim\pi(\lambda_1)$，$Y\sim\pi(\lambda_2)$. 证明：

$$Z=X+Y\sim\pi(\lambda_1+\lambda_2).$$

3. 若 X 服从参数为 1 的指数分布，Y 服从参数为 2 的指数分布，且相互独立，试求 $Z=X+2Y$ 的概率密度.

4. 将一枚均匀硬币连掷三次，以 X 表示三次试验中出现正面的次数，Y 表示出现正面的次数与出现反面次数的差的绝对值，求 (X,Y) 的分布律.

5. 设二维随机变量 (X,Y) 具有概率密度

$$f(x,y)=\begin{cases}e^{-y}, & x>0,y>x,\\ 0, & \text{其他}.\end{cases}$$

(1) 求 X,Y 的边缘概率密度函数；(2) 判别 X 与 Y 的独立性.

6. 设二维随机变量 (X,Y) 的分布律为

X \ Y	-1	1	2
-2	$\frac{1}{12}$	$\frac{2}{12}$	$\frac{2}{12}$
-1	$\frac{1}{12}$	$\frac{1}{12}$	0
0	$\frac{2}{12}$	$\frac{1}{12}$	$\frac{2}{12}$

求 $Z=X+Y$ 的分布律.

7. 设两个独立的随机变量 X 与 Y 的分布律分别为

X	1	3
p_i	0.3	0.7

Y	2	4
p_i	0.6	0.4

求随机变量 $Z=X+Y$ 的分布律.

自测题 3

一、填空题(共 5 小题,每题 4 分,共 20 分)

1. 设平面区域 D 由曲线 $y=\frac{1}{x}$ 及直线 $y=0,x=1,x=e^2$ 所围成,二维随机变量(X,Y)在区域 D 上服从均匀分布,则(X,Y)关于 X 的边缘概率密度在 $x=2$ 处的值为________.

2. 设二维随机变量(X,Y)的概率密度为 $f(x,y)=\begin{cases}6x, & 0\leqslant x\leqslant y\leqslant 1,\\ 0, & \text{其他},\end{cases}$ 则 $P\{X+Y\leqslant 1\}=$________.

3. 随机变量 X 和 Y 相互独立,它们的分布律分别为

X	-1	0	1
p	$\frac{1}{3}$	$\frac{3}{12}$	$\frac{5}{12}$

Y	-1	0
p	$\frac{1}{4}$	$\frac{3}{4}$

则 $P\{X+Y=1\}=$________.

4. 随机变量(X,Y)的概率密度为 $f(x,y)=\begin{cases}8xy, & 0\leqslant x\leqslant y,0\leqslant y\leqslant 1,\\ 0, & \text{其他},\end{cases}$ 则 $P\left\{X\leqslant\frac{1}{2}\right\}=$________.

5. 盒子里装有 3 个黑球、2 个红球、2 个白球,从中任取 4 个,以 X 表示取到黑球的个数,以 Y 表示取到红球的个数,则 $P\{X=Y\}=$________.

二、选择题(共 5 小题,每题 4 分,共 20 分)

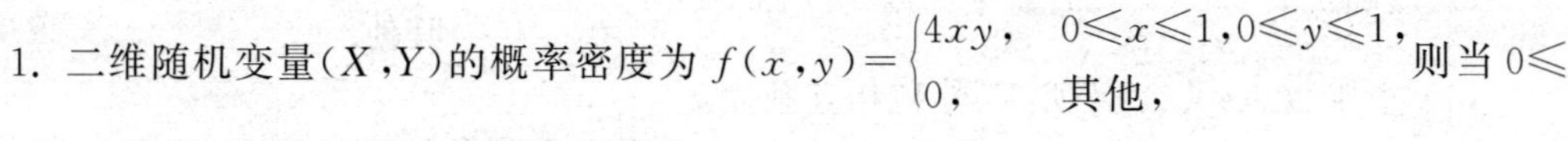

1. 二维随机变量(X,Y)的概率密度为 $f(x,y)=\begin{cases}4xy, & 0\leqslant x\leqslant 1,0\leqslant y\leqslant 1,\\ 0, & 其他,\end{cases}$ 则当 $0\leqslant x\leqslant 1$ 时,(X,Y)关于 X 的边缘概率密度为 $f_X(x)=$________.

A. $\dfrac{1}{2x}$　　B. $2x$　　C. $\dfrac{1}{2y}$　　D. $2y$

2. 二维随机变量(X,Y)的联合密度函数是 $f(x,y)$,分布函数为 $F(x,y)$,关于 X,Y 的边缘分布函数分别是 $F_X(x)$,$F_Y(y)$,则 $\int_{-\infty}^{+\infty}\int_{-\infty}^{+\infty}f(u,v)\mathrm{d}u\mathrm{d}v$,$\int_{-\infty}^{x}\int_{-\infty}^{+\infty}f(u,v)\mathrm{d}u\mathrm{d}v$,$\int_{-\infty}^{x}\int_{-\infty}^{y}f(u,v)\mathrm{d}u\mathrm{d}v$ 分别为________.

A. $1,F_X(x),F(x,y)$　　B. $1,F_Y(y),F(x,y)$

C. $f(x,y),F(x,y),F_Y(y)$　　D. $1,F_X(y),F(x,y)$

3. $X\sim N(-1,2)$,$Y\sim N(1,3)$,且 X 与 Y 相互独立,则 $X+2Y\sim$________.

A. $N(1,8)$　　B. $N(1,14)$

C. $N(1,22)$　　D. $N(1,40)$

4. 两个相互独立的随机变量 X 和 Y 分别服从正态分布 $N(0,1)$ 和 $N(1,1)$,则________.

A. $P\{X+Y\leqslant 0\}=\dfrac{1}{2}$　　B. $P\{X+Y\leqslant 1\}=\dfrac{1}{2}$

C. $P\{X-Y\leqslant 0\}=\dfrac{1}{2}$　　D. $P\{X-Y\leqslant 1\}=\dfrac{1}{2}$

5. 随机变量 X 与 Y 独立同分布,$P\{X=-1\}=0.5$,$P\{X=1\}=0.5$,则下列结果不正确的是________.

A. $P\{XY=1\}=0.5$　　B. $P\{X+Y=0\}=0.5$

C. $P\{X=Y\}=1$　　D. $P\{X=Y\}=0.5$

三、解答题(共 5 小题,每题 12 分,共 60 分)

1. 设随机变量 $X_i(i=1,2)$的分布律如下表,且满足 $P\{X_1X_2=0\}=1$,试求 $P\{X_1=X_2\}$.

X_i	-1	0	1
p	0.25	0.5	0.25

2. 设随机变量(X,Y)的概率密度为$f(x,y)=\begin{cases}Axy^2, & 0<x<1,0<y<1,\\ 0, & 其他.\end{cases}$

(1) 求常数A；(2) 证明X与Y相互独立.

3. 将某医药公司9月份和8月份收到的青霉素针剂的订货单数分别记为X和Y,根据以往积累的资料知X和Y的联合分布律为

X \ Y	51	52	53	54	55
51	0.06	0.05	0.05	0.01	0.01
52	0.07	0.05	0.01	0.01	0.01
53	0.05	0.10	0.10	0.05	0.05
54	0.05	0.02	0.01	0.01	0.03
55	0.05	0.06	0.05	0.01	0.03

(1) 求边缘分布律；

(2) 求8月份的订单数为51时,9月份订单数的条件分布律.

4. 设随机变量(X,Y)的分布函数$F(x,y)=A(B+\arctan x)(C+\arctan 2y)$.
(1) 求A,B,C；(2) 证明X与Y相互独立.

5. 设进行打靶时,弹着点$A(X,Y)$的坐标X和Y相互独立,且都服从$N(0,1)$分布,规定点A落在区域$D_1=\{(x,y)|x^2+y^2\leqslant 1\}$得2分,落在$D_2=\{(x,y)|1\leqslant x^2+y^2\leqslant 4\}$得1分,落在$D_3=\{(x,y)|x^2+y^2>4\}$得0分. 以$Z$记打靶的得分. 写出$X$和$Y$的联合概率密度,并求$Z$的分布律.

第4章

随机变量的数字特征

习题 4-1

一、填空题

1. 设 X 的分布律为

X	-2	0	2
p	0.4	0.3	0.3

则 $E(X)=$________, $E(X^2)=$________, $E(3X^2+5)=$________.

2. 设 (X,Y) 的分布律为

Y \ X	1	2	3
-1	0.2	0.1	0
0	0.1	0	0.3
1	0.1	0.1	0.1

则 $E(X)=$________; $E(Y)=$________; $E(XY)=$________.

3. 设 X 的概率密度为 $f(x)=\begin{cases}\dfrac{1}{\pi}, & 0\leqslant x\leqslant\pi,\\ 0, & 其他,\end{cases}$ 则 $E(X^2)=$________; $E(\sin X)=$________.

4. 设随机变量 X_1, X_2 相互独立,其概率密度分别为

$$f_1(x)=\begin{cases}2e^{-2x}, & x>0,\\ 0, & x\leqslant 0,\end{cases}\quad f_2(x)=\begin{cases}4e^{-4x}, & x>0,\\ 0, & x\leqslant 0,\end{cases}$$

则 $E(2X_1+X_2)=$________; $E(X_1X_2)=$________.

5. 每张奖券中尾奖的概率为 $\dfrac{1}{10}$,某人购买20张号码杂乱的奖券,则中尾奖的奖券张数 X 为随机变量,问 $E(X)$ 为______________.

二、选择题

下列等式未必成立的是(　　).

A. $E(XY)=E(X)E(Y)$　　　　B. $E(3X-2Y)=3E(X)-2E(Y)$

C. $E(XE(X))=E(X)$　　　　D. $E(XE(X))=(E(X))^2$

三、求数学期望

1. 设随机变量 X 的概率密度为 $f(x)=\begin{cases}1+x, & -1\leqslant x<0,\\ 1-x, & 0\leqslant x\leqslant 1,\\ 0, & \text{其他},\end{cases}$ 求 $E(X),E(X^2)$.

2. 设随机变量 X 的概率密度为 $f(x)=\dfrac{1}{2}\mathrm{e}^{-|x|}$,求 $E(X),E(X^2)$.

3. 设随机变量(X,Y)的概率密度为

$$f(x,y)=\begin{cases}4xy, & 0<x<1,0<y<1,\\ 0, & \text{其他},\end{cases}$$

求 $E(X),E(XY)$.

4. 设(X,Y)的概率密度为 $f(x,y)=\begin{cases}12y^2, & 0\leqslant y\leqslant x\leqslant 1,\\ 0, & \text{其他},\end{cases}$ 求 $E(X),E(Y)$.

四、解答下列各题

1. 若 X 服从参数为 $\theta=1$ 的指数分布，求 $E(X+\mathrm{e}^{-2X})$.

2. 某汽车上有20位乘客，有10个车站可以下车，若一个车站没有乘客下车就不停车，用 X 表示停车的次数，求 $E(X)$.

3. 某产品的次品率为0.1，检查员每天检查4次，每次随机抽取10件产品进行检查，若发现其中次品数多于一个，就去调整设备，以 X 表示一天调整设备的次数，求 $E(X)$.（提示：利用二项分布的数学期望为 np.）

4. 某工厂生产的设备寿命（以年计）服从参数为 $\theta=4$ 的指数分布，工厂规定出售设备一年内损坏可以调换，出售一台赢利100元，调换一台设备厂方需花费300元，求厂方出售一台设备净赢利的数学期望.

5. 设某种商品的需求量 X 是服从区间[10,30]上均匀分布的随机变量,而经销商店进货数量为区间[10,30]中的某一正数.商店每销售一单位商品可获得 500 元,若供大于求则降价处理,每处理一单位商品亏损 100 元;若供不应求,则可从外部调剂供应,此时每一单位商品仅获得 300 元.为使商店所获利润的期望不少于 9280 元,试确定最少进货量.

习题 4-2

一、填空题

1. 已知 $P\{X=k\}=0.2^k 0.8^{1-k}(k=0,1)$，则 $E(X)=$________；$D(X)=$________.

2. 若随机变量 X 的分布律为 $P\{X=k\}=\dfrac{5^k e^{-5}}{k!}, k=0,1,\cdots$，则 $E(X^2-1)=$________.

3. 设随机变量 X 的概率密度为 $f(x)=\dfrac{1}{\sqrt{6\pi}}e^{-\frac{x^2-4x+4}{6}}$，则 $E(X)=$________；$D(X)=$________；$E(X^2)=$________.

4. 已知 $E(X+4)=10$，则 $E(X+4)^2=116, D(X)=$________.

5. 设随机变量 X 和 Y 相互独立，其概率密度分别为 $f_X(x)=\begin{cases}1, & 0<x<1,\\ 0, & \text{其他},\end{cases}$ $f_Y(y)=\begin{cases}e^{-y}, & y>0,\\ 0, & \text{其他},\end{cases}$ 则 $E(X+Y)=$________；$D(X-Y)=$________.

6. 设 X 表示 10 次独立重复射击命中的次数，每次命中目标的概率为 0.4，则 $E(X^2)=$________.

7. 若 X 服从 $N(\mu_1,\sigma_1^2)$，Y 服从 $N(\mu_2,\sigma_2^2)$，且相互独立，则 $X-Y$ 服从________.

8. 若 X,Y 相互独立，X 服从 $N(0,1)$，Y 服从 $N(1,1)$，则 $P\{X+Y\leqslant 1\}=$________.

9. 若 $E(X^2)$ 存在，则 $C=$________时，$E(X-C)^2$ 取最小值，且最小值为________.

10. X 和 Y 相互独立，且 X 服从 $N(1,2)$，Y 服从 $N(0,1)$，则 $Z=2X-Y+3$ 的概率密度为________.

二、选择题

1. 下列等式成立的是（　　）.

A. $D(X-Y)=D(X)-D(Y)$　　B. $D(X-Y)=D(X)+D(Y)$

C. $D(3X-1)=9D(X)$　　D. 若 $D(X)=0$，则 $P\{X=E(X)\}=1$

2. 若 X 和 Y 相互独立，且 $D(X)=4, D(Y)=2$，则 $D(3X-2Y)=$（　　）.

A. 8　　B. 16　　C. 28　　D. 44

三、解答下列各题

1. 设 X 服从 $U(-1,2)$，随机变量 $Y=\begin{cases}1, & X>0,\\ 0, & X=0,\\ -1, & X<0,\end{cases}$ 求 $D(Y)$.

2. 设 X 的概率密度为 $f(x)=\begin{cases}a+bx^2, & 0\leqslant x\leqslant 1,\\ 0, & 其他,\end{cases}$ 且 $E(X)=\dfrac{3}{5}$. 试确定常数 a,b，并求 $D(X)$.

3. 设随机变量 X 与 Y 相互独立，证明：

$$D(XY)=D(X)D(Y)+D(X)(EY)^2+D(Y)(EX)^2.$$

（提示：由 X 与 Y 相互独立，有 $E(X^2Y^2)=E(X^2)E(Y^2)$.）

4. 设随机变量 X 的概率密度为 $f(x)=\begin{cases}\dfrac{b}{a}(a-|x|), & |x|\leqslant a,\\ 0, & |x|>a,\end{cases}$ 已知方差 $D(X)=1$，求：(1) 参数 a,b；(2) $E(-2X^2+3)$.

5. 设一次试验成功的概率为 p，进行 100 次独立重复试验，问当 p 为何值时，成功次数的标准差的值最大，并求其最大值.

6. 设有甲、乙两种棉花，从中各抽取等量的样品进行检验，结果如下表：

X	28	29	30	31	32
p	0.1	0.15	0.5	0.15	0.1

Y	28	29	30	31	32
p	0.13	0.17	0.4	0.17	0.13

其中 X，Y 分别表示甲、乙两种棉花的纤维的长度(单位：mm). 求 $D(X)$，$D(Y)$，且评定它们的质量.(提示：纤维越均匀，质量越好.)

7. 证明事件在一次试验中发生次数的方差不超过$\frac{1}{4}$.

8. 设随机变量 X,Y 相互独立，且都服从均值为0、方差为 $\frac{1}{2}$ 的正态分布，求随机变量 $|X-Y|$ 的方差.

习题 4-3

一、填空题

1. 设 (X,Y) 的分布律为

Y \ X	1	2
1	0	$\frac{1}{3}$
2	$\frac{1}{3}$	$\frac{1}{3}$

则 $E(XY)=$________；$\mathrm{Cov}(X,Y)=$________；$\rho_{XY}=$________.

2. 设 X 服从 $N(1,4)$，Y 服从 $N(2,9)$，且相互独立，则 X 的一阶原点矩为________；二阶原点矩为________；Y 的一阶原点矩为________；二阶中心矩为________.

二、选择题

1. 若 X 与 Y 方差存在且不为零，则 $D(X+Y)=D(X)+D(Y)$ 是 X 与 Y(　　).

A. 不相关的充分但非必要条件　　B. 不相关的充要条件

C. 独立的必要但非充分条件　　D. 独立的充要条件

2. 若 $E(XY)=E(X)E(Y)$，则(　　).

A. $D(XY)=D(X)D(Y)$　　B. $D(X+Y)=D(X)+D(Y)$

C. X 与 Y 相互独立　　D. X 与 Y 不独立

三、解答下列各题

1. 设(X,Y)的概率密度为$f(x,y)=\begin{cases}\frac{1}{8}(x+y), & 0\leqslant x\leqslant 2,0\leqslant y\leqslant 2,\\ 0, & 其他,\end{cases}$求$E(X)$，$E(Y)$，$\mathrm{Cov}(X,Y)$，$\rho_{XY}$，$D(X+Y)$.

2. 设随机变量X的概率密度为$f(x)=\frac{1}{2}\mathrm{e}^{-|x|}$，问$X$与$|X|$是否相关？

3. 设$X\sim N(\mu,\sigma^2)$，$Y\sim N(\mu,\sigma^2)$，且X与Y相互独立.$\xi=aX+bY$，$\eta=aX-bY$，其中a，b不为零，试求$\rho_{\xi\eta}$.

4. 设 X,Y 是两个随机变量，且 $Y=aX+b(a\neq 0,a$ 与 b 均为常数)，$D(X)$存在且不为零，求 ρ_{XY}.

自测题 4

一、填空题(共 5 小题，每题 4 分，共 20 分)

1. 已知 $E(X)=-1,D(X)=3$，则 $E(3X^2-2)=$________.

2. 设随机变量 X 服从标准正态分布，即 $X\sim N(0,1)$，则 $E(X\cdot e^{2X})=$________.

3. 设随机变量 X 服从参数为 θ 的指数分布，则 $P\{X>\sqrt{D(X)}\}=$________.

4. 设 X 表示 10 次独立重复射击命中目标的次数，每次射中目标的概率为 0.4，则 X^2 的数学期望 $E(X^2)=$________.

5. 设随机变量 X 和 Y 的相关系数为 0.5，$E(X)=E(Y)=0,E(X^2)=E(Y^2)=2$，则 $E(X+Y)^2=$________.

二、选择题(共 5 小题，每题 4 分，共 20 分)

1. 设随机变量 X,Y 相互独立，且 $X\sim b(16,0.5),Y\sim\pi(9)$，则 $D(X-2Y+1)=$(　　).

A. -14　　B. 13　　C. 40　　D. 41

2. 已知随机变量 X 的分布律为

X	-2	1	x
p	$\frac{1}{4}$	p	$\frac{1}{4}$

且 $E(X)=1$，则常数 $x=$(　　).

A. 2　　B. 4　　C. 6　　D. 8

3. 设二维随机变量(X,Y)的分布律为

X \ Y	0	1
0	$\frac{1}{3}$	$\frac{1}{3}$
1	$\frac{1}{3}$	0

则(X,Y)的协方差$\mathrm{Cov}(X,Y)=($ $)$.

A. $-\frac{1}{9}$ B. 0 C. $\frac{1}{9}$ D. $\frac{1}{3}$

4. 设$E(X),E(Y),D(X),D(Y)$及$\mathrm{Cov}(X,Y)$均存在,则$D(X-Y)=($ $)$.

A. $D(X)+D(Y)$ B. $D(X)-D(Y)$

C. $D(X)+D(Y)-2\mathrm{Cov}(X,Y)$ D. $D(X)-D(Y)+2\mathrm{Cov}(X,Y)$

5. 设随机变量$X\sim b\left(10,\frac{1}{2}\right)$,$Y\sim N(2,10)$,又$E(XY)=14$,则$X$与$Y$的相关系数$\rho_{XY}=($ $)$.

A. -0.8 B. -0.16 C. 0.16 D. 0.8

三、解答题(共5小题,每小题12分,共60分)

1. 设二维随机变量(X,Y)的分布律为

X \ Y	0	1	2
0	0.1	0.2	0.1
1	0.2	α	β

且已知$E(Y)=1$,试求:(1) 常数α,β;(2) $E(XY)$;(3) $E(X)$.

2. 设X,Y相互独立,概率密度函数分别为$f_X(x)=\begin{cases}2x, & 0\leqslant x\leqslant 1,\\ 0, & 其他,\end{cases}$ $f_Y(y)=\begin{cases}\mathrm{e}^{-(y-5)}, & y>5,\\ 0, & 其他,\end{cases}$求$E(XY)$.

3. 假设一部机器在一天内发生故障的概率为0.2,机器发生故障时全天停止工作,若一周5个工作日无故障,可获利润10万元;发生一次故障仍可获利润5万元;发生二次故障所

获利润 0 元;发生三次或三次以上故障就要亏损 2 万元.问一周内利润期望是多少?

4. 设二维随机变量(X,Y)的概率密度为 $f(x,y)=\begin{cases} e^{-(x+y)}, & x>0,y>0, \\ 0, & \text{其他}, \end{cases}$ 求 $E(X)$, $E(XY)$.

5. 商店经销某种商品,每周进货的数量 X 与顾客对该种商品的需求量 Y 是相互独立的随机变量,且都服从区间$[10,20]$上的均匀分布.商店每售出一单位商品可得利润 1000 元;若需求量超过了进货量,商店可从其他商店调剂供应,这时每单位商品获利润为 500 元.试计算此商店经销该种商品每周所获得利润的期望值.

第5章

大数定律及中心极限定理

习题5

一、填空题与选择题

1. 若 $E(X)=1,\sqrt{D(X)}=2$，则 $P\{|X-1|<6\}\geq$ ________.

2. 若 $X_i \sim b(n,p), i=1,2,\cdots,n$，且相互独立，记 $Y_n=\dfrac{\sum_{i=1}^{n}X_i-np}{\sqrt{np(1-p)}}$，则当 n 很大时，Y_n 近似服从(　　).

A. 非标准正态分布　B. 标准正态分布　C. 二项分布　D. 不确定

3. 某果园的水果虫食率为 5%，则在 1000 个水果中虫食数不多于 70 个的概率为________.

二、掷一枚骰子，为了保证至少有 95% 的把握使 6 点向上的频率与 $\frac{1}{6}$ 之差落在 0.01 的范围内，则要求掷骰子的次数至少为多少？

三、某单位设置电话总机，共有 200 台分机，设每台分机有 5% 的时间使用外线通话，假定每台分机是否使用外线是相互独立的，问总机要有多少条外线才能以 90% 的概率保证每台分机有外线可供使用.

四、某工厂生产了一批螺丝钉,次品率为5%,现检查1000个螺丝钉.求:
(1) 次品数不少于40个的概率;(2) 次品数在40～60个的概率.

五、某车间有200台车床,在生产期间因各种原因,常需车床停工.设开工率为0.6(即平均60%的时间工作),假定每台车床的工作是独立的,且在开工时需电力1kW,问应供应多少电力就能以99.9%的概率保证该车间不会因供电不足而影响生产.

六、证明题

设随机变量序列 $X_1,X_2,\cdots,X_n,\cdots$ 相互独立同分布，$E(X_i)=0$，$D(X_i)=\sigma^2$. 又 $E(X_i^4)(i=1,2,\cdots)$ 存在. 试证明：对任意 $\varepsilon>0$，有 $\lim\limits_{n\to\infty}P\left\{\left|\dfrac{1}{n}\sum\limits_{i=1}^{n}X_i^2-\sigma^2\right|<\varepsilon\right\}=1$.

第6章

样本及抽样分布

习题6

一、填空题

1. 若 $X_1,X_2,\cdots,X_n$ 是来自总体 X 服从 $N(\mu,\sigma^2)$ 的简单样本，若 σ^2 已知，则 $\dfrac{\overline{X}-\mu}{\sigma/\sqrt{n}}$ 服从________，$\left(\dfrac{\overline{X}-\mu}{\sigma/\sqrt{n}}\right)^2$ 服从________，$\sum\limits_{i=1}^{n}\left(\dfrac{X_i-\mu}{\sigma}\right)^2$ 服从________；若 σ^2 未知，则 $\dfrac{(\overline{X}-\mu)\sqrt{n}}{S}$ 服从________.

2. 从总体 $N(\mu,\sigma^2)$ 中抽取样本容量为26的样本，则 $P\left\{\dfrac{S^2}{\sigma^2}\leqslant 1.77256\right\}=$________.

3. 查表可得 $F_{0.1}(10,12)=$________；$F_{0.9}(28,3)=$________.

4. 从总体 $N(20,3^2)$ 抽取容量分别为10，15的两个独立样本，样本均值分别为 $\overline{X}_1$，$\overline{X}_2$，则 $\overline{X}_1-\overline{X}_2$ 服从的分布为________；$P\{|\overline{X}_1-\overline{X}_2|>0.3\}=$________.

5. 若 X 服从 $t(n)$ 分布，则 X^2 服从________分布.

6. 若 X_1,X_2,X_3,X_4 相互独立且服从标准正态分布，则 $\dfrac{X_1^2+X_2^2}{X_3^2+X_4^2}$ 服从________分布.

二、选择题

1. 设 X_1,X_2,X_3 是从 $N(\mu,\sigma^2)$ 总体中抽取的样本，μ,σ^2 未知，则下述表达式中(　　)是统计量.

A. $X_1+X_2+X_3$　　B. $X_2+2\mu$　　C. $\max\{X_1,X_2,X_3\}$

D. $\sum\limits_{i=1}^{3}\dfrac{X_i^2}{\sigma}$　　E. $\dfrac{1}{2}(X_3-X_1)$

2. 若 $X_1,X_2,\cdots,X_n$ 是从正态总体 $N(0,1)$ 中抽取的样本，则下述有关统计量所服从的分布正确的是(　　).

A. $n\overline{X}$ 服从 $N(0,1)$　　B. $\overline{X}$ 服从 $N\left(0,\dfrac{1}{n}\right)$

C. $\sum\limits_{i=1}^{n}X_i^2$ 服从 $\chi^2(n)$　　D. $\overline{X}/S$ 服从 $t(n-1)$

3. 若 $X_1,X_2,\cdots,X_{16}$ 是从正态总体 $N(2,\sigma^2)$ 中抽出的样本，则 $\dfrac{4\overline{X}-8}{\sigma}$ 服从的分布是(　　).

A. $t(15)$　　B. $t(16)$　　C. $\chi^2(15)$　　D. $N(0,1)$

4. 若总体 X 服从 $N(\mu_1,\sigma^2)$，Y 服从 $N(\mu_2,\sigma^2)$，而 $X_1,X_2,\cdots,X_{n_1},Y_1,Y_2,\cdots,Y_{n_2}$ 是各自的样本，且相互独立，则统计量 $\frac{1}{n_1-1}\sum_{i=1}^{n_1}(X_i-\overline{X})^2\Big/\frac{1}{n_2-1}\sum_{i=1}^{n_2}(Y_i-\overline{Y})^2$ 服从的分布为(　　).

A. $t(n_1+n_2-2)$　B. $N(0,1)$　C. $F(n_1-1,n_2-1)$　D. $\chi^2(n_1+n_2)$

5. 若 $X_1,X_2,\cdots,X_n$ 是来自正态总体 $N(\mu,\sigma^2)$ 的样本，$S_1^2=\frac{1}{n-1}\sum_{i=1}^{n}(X_i-\overline{X})^2$，$S_2^2=\frac{1}{n}\sum_{i=1}^{n}(X_i-\overline{X})^2$，$S_3^2=\frac{1}{n-1}\sum_{i=1}^{n}(X_i-\mu)^2$，$S_4^2=\frac{1}{n}\sum_{i=1}^{n}(X_i-\mu)^2$，则服从 $t(n-1)$ 分布的统计量是(　　).

A. $\frac{\overline{X}-\mu}{S_1/\sqrt{n}}$　B. $\frac{\overline{X}-\mu}{S_2/\sqrt{n-1}}$　C. $\frac{\overline{X}-\mu}{S_3/\sqrt{n}}$　D. $\frac{\overline{X}-\mu}{S_4/\sqrt{n}}$

6. X 服从 $N(1,3^2)$，$X_1,X_2,\cdots,X_9$ 是来自总体 X 的样本，则下列结论正确的是(　　).

A. $\frac{\overline{X}-1}{3}$服从 $N(0,1)$　B. $\overline{X}-1$ 服从 $N(0,1)$

C. $\frac{\overline{X}-1}{9}$服从 $N(0,1)$　D. $\frac{\overline{X}-1}{\sqrt{3}}$服从 $N(0,1)$

三、若随机变量 X 与 Y 相互独立，且都服从正态分布 $N(0,3^2)$，而 $X_1,X_2,\cdots,X_9,Y_1,Y_2,\cdots,Y_9$ 分别是来自 X 和 Y 的样本，问统计量 $\frac{X_1+X_2+\cdots+X_9}{\sqrt{Y_1^2+Y_2^2+\cdots+Y_9^2}}$ 服从什么分布？

*四、设 $X_1,X_2,\cdots,X_n$ 是来自正态总体 $N(\mu,\sigma^2)$ 的样本，记 $\overline{X}=\frac{1}{n}\sum_{i=1}^{n}X_i$，$S_n^2=\frac{1}{n}\sum_{i=1}^{n}(X_i-\overline{X})^2$. 又 X_{n+1} 服从 $N(\mu,\sigma^2)$，且与 $X_1,X_2,\cdots,X_n$ 相互独立，求统计量

$\dfrac{X_{n+1}-\overline{X}}{S_n}\sqrt{\dfrac{n-1}{n+1}}$ 的分布.

五、若 $X_1,X_2,\cdots,X_n$ 是来自总体 X 服从 $N(\mu,\sigma^2)$ 总体的简单样本,$\overline{X}$,S^2 分别为样本均值和样本方差,试证 $E[(S^2\overline{X})^2]=\left(\dfrac{\sigma^2}{n}+\mu^2\right)\left(\dfrac{2\sigma^4}{n-1}+\sigma^4\right)$.

六、若 $X_1,X_2,\cdots,X_n$ 来自参数为 θ 的指数分布总体,设 $Y=\sqrt{X_1X_2\cdots X_n}$,求 $E(Y)$.

七、若 $X_1,X_2,\cdots,X_n$ 是来自总体 X 服从 $N(\mu,\sigma^2)$ 的简单样本,求以下概率:

(1) $P\left\{\dfrac{\sigma^2}{2}\leqslant\dfrac{1}{n}\sum\limits_{i=1}^{n}(X_i-\mu)^2\leqslant 2\sigma^2\right\}$；(2) $P\left\{\dfrac{\sigma^2}{2}\leqslant\dfrac{1}{n}\sum\limits_{i=1}^{n}(X_i-\overline{X})^2\leqslant 2\sigma^2\right\}$.

八、若 $X_1,X_2,\cdots,X_n$ 是来自 $N(\mu,\sigma^2)$ 总体的简单样本，$\overline{X},S^2$ 分别为样本均值和样本方差，求使 $P\left\{\dfrac{S^2}{\sigma^2}\leqslant 1.5\right\}\geqslant 0.95$ 成立的最小 n 的取值.

九、若 $X_1,X_2,\cdots,X_n$ 是来自总体 X 服从 $N(0,4)$ 分布的简单样本，$\overline{X}$ 为样本均值，问 n 取多大时，才能使 $E(|\overline{X}-2|^2)\leqslant 4.25$.

十、设 $X_1,X_2,\cdots,X_n$ 为来自 0-1 分布的简单样本，$\overline{X},S^2$ 分别为样本均值和样本方差，求 $E(\overline{X}),D(\overline{X}),E(S^2)$.

自测题 6

一、选择题(共 5 小题,每题 4 分,共 20 分)

1. 设 $X\sim N(1,2^2)$,从总体 X 中抽取 $X_1,X_2,\cdots,X_n$ 为其样本,样本均值为 $\overline{X}$,则(　　).

A. $\dfrac{\overline{X}-1}{2}\sim N(0,1)$　B. $\dfrac{\overline{X}-1}{4}\sim N(0,1)$　C. $\dfrac{\overline{X}-1}{2/\sqrt{n}}\sim N(0,1)$　D. $\dfrac{\overline{X}-1}{\sqrt{2}}\sim N(0,1)$

2. 设 $X_1,X_2,\cdots,X_n$ 是来自总体 $X\sim N(\mu,\sigma^2)$ 的样本,$\overline{X}$ 为样本均值,令 $Y=\dfrac{\sum\limits_{i=1}^{n}(X_i-\overline{X})^2}{\sigma^2}$,则 $Y=$(　　).

A. $\chi^2(n-1)$　B. $\chi^2(n)$　C. $N(\mu,\sigma^2)$　D. $N\left(\mu,\dfrac{\sigma^2}{n}\right)$

3. 设总体 X 服从正态分布 $N(\mu,\sigma^2)$,其中 μ 已知,σ^2 未知,X_1,X_2,X_3 为来自 X 的样本,则下列表达式中不是统计量的是(　　).

A. $X_1+X_2+X_3$　B. $\min\{X_1,X_2,X_3\}$　C. $\sum\limits_{i=1}^{3}\dfrac{X_i^2}{\sigma^2}$　D. $X_1+2\mu$

4. 设 $X\sim N(\mu,1)$,$Y\sim\chi^2(4)$,且 X 和 Y 相互独立,令 $T=\dfrac{2(X-\mu)}{\sqrt{Y}}$,则下列结论正确的是 $T\sim$(　　).

A. $t(3)$　B. $t(4)$　C. $F(1,4)$　D. $N(0,1)$

5. 设 $X\sim N(0,1)$,且 $P\{X>z_{0.05}\}=0.05$,若 $P\{|X|<x\}=0.95$,则 $x=$(　　).

A. $z_{0.025}$　B. $z_{0.975}$　C. $z_{0.475}$　D. $z_{0.95}$

二、填空题(共 5 小题,每题 4 分,共 20 分)

1. 设 $X\sim N(\mu,\sigma^2)$,若 $X_1,X_2,\cdots,X_n$ 是来自该总体的一个简单样本,则样本均值 $\overline{X}$ 服从________分布.

2. 设 $X_1,X_2,\cdots,X_n$ 是来自总体 $N(\mu,\sigma^2)$ 的一个样本,则 $\sum\limits_{i=1}^{n}\left(\dfrac{X_i-\mu}{\sigma}\right)^2$ 服从________分布.

3. 设总体 X 服从正态分布 $N(0,4)$,若 $X_1,X_2,\cdots,X_{15}$ 是来自该总体的一个简单样本,则 $Y=\dfrac{X_1^2+X_2^2+\cdots+X_{10}^2}{2(X_{11}^2+X_{12}^2+\cdots+X_{15}^2)}$ 服从________分布.

4. 设 $X_1,X_2,\cdots,X_9$ 是来自总体 X 的一个样本,且 $X\sim b(10,0.18)$,样本均值为 $\overline{X}$,则 $E[(\overline{X})^2]=$________.

5. 设 $X\sim F(8,12)$,$P\{X<\lambda\}=0.01$,则 $\lambda=$________.

三、解答题(共 6 小题,每题 10 分,共 60 分)

1. 设样本值如下:

$$15,20,32,26,37,18,19,43,$$

计算样本均值、样本方差、二阶样本矩及二阶样本中心矩.

2. 设总体 $X \sim N(\mu,\sigma^2)$，$X_1,X_2,\cdots,X_{10}$ 是来自总体 X 的样本.

(1) 写出 $X_1,X_2,\cdots,X_{10}$ 的联合概率密度；(2) 写出样本均值 $\overline{X}$ 的概率密度.

3. 设 $X \sim N(21,2^2)$，$X_1,X_2,\cdots,X_{25}$ 为 X 的一个样本，求：

(1) 样本均值 $\overline{X}$ 的数学期望与方差；(2) $P\{|\overline{X}-21|\leqslant 0.24\}$.

4. 设 $X \sim t(12)$，求：(1) a 使得 $P\{X<a\}=0.05$；(2) b 使得 $P\{X>b\}=0.99$.

5. 设总体 $X \sim N(\mu,4)$，$(X_1,X_2,\cdots,X_{16})$为其样本，S^2 为样本方差，求常数 c，使 $P\{S^2 \leqslant c\}=0.95$.

6. 设两个总体 X 与 Y 都服从正态分布 $N(20,3)$，今从总体 X 与 Y 中分别抽得容量 $n_1=10$，$n_2=15$ 的两个相互独立的样本，求它们样本均值之差的绝对值大于 0.3 的概率.

第7章

参数估计

习题 7

一、填空题与选择题

1. 若总体 $X \sim N(\mu, \sigma_0^2)$，其中 μ 未知，X_1, X_2, X_3 为其样本，对于常数 a, b, c 满足条件________，$\hat{\mu} = aX_1 + bX_2 + cX_3$ 是 μ 的无偏估计.

2. 设 X_1, X_2 是总体 X 的样本，$E(X) = \mu$，指出下述 μ 的无偏估计中方差最小者是________. $\hat{\mu}_1 = \frac{2}{3}X_1 + \frac{1}{3}X_2$，$\hat{\mu}_2 = \frac{3}{4}X_1 + \frac{1}{4}X_2$，$\hat{\mu}_3 = \frac{1}{2}X_1 + \frac{1}{2}X_2$.

3. 对总体均值 μ 的区间估计得到置信度为 95% 的置信区间意义是指这个区间________.

A. 平均含总体的 95% 的值　　　　B. 平均含样本 95% 的值

C. 有 95% 的机会含 μ 的值　　　　D. 有 95% 的机会含样本的值

4. 若总体 X 服从区间 $[\theta, 2\theta]$ 上的均匀分布，则统计量 $\hat{\theta} = a\overline{X}$，当 $a =$________时，$\hat{\theta}$ 为 θ 的无偏估计.

二、解答下列各题

1. (1) 设总体 $X \sim b(n, p)$，若已知 n，求 p 的矩估计；

(2) 若在 100 个靶子上各打 5 发子弹，记录命中与未命中的结果如下：

命中数	0	1	2	3	4	5
频数	3	18	29	31	14	5

设命中数 X 服从二项分布，求未知参数 p 的矩估计 $\hat{p}$.

2. 设总体 X 服从两点分布 $P\{X=0\} = 1-p$，$P\{X=1\} = p$，试求参数 p 的最大似然

估计，若$(1,0,0,1,0,0)$为取自该总体的一个样本值，试求参数 p 的最大似然估计 $\hat{p}$.

3. 设总体 X 的概率密度 $f(x)=\begin{cases}(\alpha+1)x^{\alpha}, & 0<x<1\ (\alpha>-1),\\ 0, & \text{其他},\end{cases}$ 求参数 α 的矩估计与最大似然估计.

4. 设总体 X 的概率密度为 $f(x)=\begin{cases}(\theta\alpha)x^{\alpha-1}\mathrm{e}^{-\theta x^{\alpha}}, & x>0,\\ 0, & \text{其他},\end{cases}$ 求参数 θ 的最大似然估计(α 已知).

5. 设总体 X 的概率密度为 $f(x)=\begin{cases}\dfrac{1}{\theta}\mathrm{e}^{-(x-\mu)/\theta}, & x\geqslant\mu \ (\theta,\mu \text{ 未知}, \theta>0),\\ 0, & \text{其他},\end{cases}$ 求参数 θ,μ 的矩估计.

6. 设总体 $X\sim N(\mu,\sigma^2)$，$X_i=1,2,\cdots,n$ 为来自总体的 X 的一个样本，试确定 C 使 $C\sum\limits_{i=1}^{n-1}(X_{i+1}-X_i)^2$ 为 σ^2 的无偏估计量.

7. 设总体 X 的均值为 μ，方差为 σ^2，分别抽取容量为 n_1,n_2 的两个独立样本，其样本均值和样本方差分别为 $\overline{X}_1,S_1^2$ 和 $\overline{X}_2,S_2^2$. 试证：

$$\overline{X}=\frac{n_1\overline{X}_1+n_2\overline{X}_2}{n_1+n_2},\quad s_e^2=\frac{(n_1-1)S_1^2+(n_2-1)S_2^2}{n_1+n_2-2}$$

分别是总体 X 的均值 μ 和方差 σ^2 的无偏估计.

8. (1) 若 $X_1, X_2, \cdots, X_n$ 为正态总体 $N(\mu, \sigma^2)$ 的一个样本，且 μ, σ^2 未知，试求 $P\{X<t\}$ 的最大似然估计；

(2) 如果灯泡寿命 $X \sim N(\mu, \sigma^2)$，μ, σ^2 未知，现随机抽取 10 个灯泡，平均寿命为 997.1h，样本标准差为 131.55h，试使用最大似然估计法估计这批灯泡使用寿命在 1300h 以上的概率.

9. 设总体 X 的概率密度为 $f(x)=\begin{cases}\dfrac{1}{\theta^2}x\mathrm{e}^{-\frac{x}{\theta}}, & x>0,\\ 0, & x\leqslant 0,\end{cases}$ 求参数 θ 的矩估计与最大似然估计，并讨论估计的无偏性.

10. 设总体 X 的概率密度为 $f(x)=\begin{cases}\dfrac{4}{\sqrt{\pi}\theta^3}x^2\mathrm{e}^{-\left(\frac{x}{\theta}\right)^2}, & x\geqslant 1\ (\theta>0),\\ 0, & \text{其他},\end{cases}$ 求参数 θ^2 的最大似然估计，并判断此估计量是否是无偏估计量.

11. 设总体 X 的概率密度为

$$f_X(x)=\begin{cases}\theta(x-5)\mathrm{e}^{-\frac{\theta}{2}(x-5)^2}, & x>5,\\ 0, & x\leqslant 5,\end{cases}$$

其中 $\theta>0$ 是未知参数，从该总体中取样本值 8，9，10，12，13，试求：

(1) θ 的最大似然估计值；

(2) 概率 $P\{10\leqslant X\leqslant 15\}$ 的最大似然估计值.

12. 设总体 X 的概率密度为 $f(x)=\begin{cases}\dfrac{2}{\alpha^2}(\alpha-x), & 0<x<\alpha,\\ 0, & \text{其他},\end{cases}$ 求参数 α 的矩估计.

13. 对某一距离进行五次独立测量数据(单位：m)如下：

$$2781,2836,2807,2858,2763$$

已知测量无系统误差,测量值近似服从正态分布 $N(\mu,\sigma^2)$.

(1) 若 σ^2 未知,试求平均距离的置信度为95%的置信区间；

(2) 若 $\sigma=40$,试求平均距离的置信度为95%的置信区间.

14. 若总体 $X\sim N(\mu_1,\sigma_1^2)$,$Y\sim N(\mu_2,\sigma_2^2)$相互独立,且都从中抽取样本容量为9的样本,经计算得到 $\overline{X}=140$,$S_1^2=28$,$\overline{Y}=120$,$S_2^2=36$.在以下两种情形求 $\mu_1-\mu_2$ 的置信区间($\alpha=0.1$).

(1) 若 σ_1^2,σ_2^2 未知,但 $\sigma_1^2=\sigma_2^2$；(2) 若 $\sigma_1^2=19$,$\sigma_2^2=30$.

*15. 某种油漆的干燥时间(单位：h)分别为

$$6.0,5.7,5.8,6.5,7.0,6.3,5.6,6.1,5.0.$$

设干燥时间服从正态分布 $N(\mu,\sigma^2)$,求：

(1) σ^2 的置信度为95%的置信区间；(2) μ 的置信度为95%的单侧置信上限.

*16. 设两位化验员独立地对某聚合物含氮量用相同方法各作 10 次测定，其测定样本方差分别为 $S_A^2=0.5419$，$S_B^2=0.6065$，设 A，B 的测定值总体均为正态，求方差比的置信度为 95%的置信区间.

**17. 用某种药剂作杀虫试验，将 1200 只虫子杀死 780 只，试求该种杀虫剂的效果，即害虫死亡率 95%的置信区间.

**18. 对于正态总体的大样本，S 近似服从正态分布 $N\left(\sigma,\frac{\sigma^2}{2n}\right)$，若 $n=100$，$S_{100}=45$，试给出 σ 的置信度为 95%的置信区间.

自测题 7

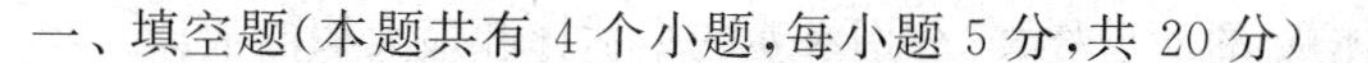

一、填空题(本题共有 4 个小题,每小题 5 分,共 20 分)

1. 设 $X_1,X_2,\cdots,X_n$ 是来自区间$[\theta,\theta+2]$上均匀分布总体的简单随机样本,$\overline{X}$ 是样本均值,则参数 θ 的矩估计量为________.

2. 设 $X_1,X_2,\cdots,X_k$ 为来自二项分布总体 $b(n,p)$的简单随机样本,$\overline{X}$ 和 S^2 分别为样本均值和样本方差. 若 $\overline{X}+kS^2$ 为 np^2 的无偏估计量,则 $k=$________.

3. 设总体 $X\sim N(\mu,8)$,$X_1,X_2,\cdots,X_{36}$ 为其简单随机样本,$\overline{X}$ 为样本均值,若$(\overline{X}-1,\overline{X}+1)$作为 μ 的置信区间,则置信度为________.(附表:$z_{0.017}=2.12$.)

4. 设总体 $X\sim N(\mu,\sigma^2)$,X_1,X_2,X_3 是来自总体 X 的样本,则当 $a=$________时,$\hat{\mu}=\frac{1}{7}X_1+aX_2+\frac{4}{7}X_3$ 是未知参数 μ 的无偏估计.

二、选择题(本题共有 5 个小题,每小题 4 分,共 20 分)

1. 设总体 $X\sim N(\mu,4)$,其中 μ 为未知参数,X_1,X_2,X_3 为样本,下面四个关于 μ 的无偏估计中,用有效性标准来衡量,最好的是(　　).

A. $\frac{1}{6}X_1+\frac{1}{3}X_2+\frac{1}{2}X_3$　　B. $\frac{1}{5}X_1+\frac{2}{5}X_2+\frac{2}{5}X_3$

C. $\frac{2}{7}X_1+\frac{5}{7}X_2$　　D. $\frac{1}{3}X_1+\frac{1}{3}X_2+\frac{1}{3}X_3$

2. 设总体 $X\sim N(\mu,\sigma^2)$,则 μ 的置信区间长度 L 与置信度 $1-\alpha$ 的关系是(　　).

A. $1-\alpha$ 减小时,L 减小　　B. $1-\alpha$ 减小时,L 增大

C. $1-\alpha$ 减小时,L 不变　　D. $1-\alpha$ 减小时,L 增减不定

3. 设 $\hat{\theta}$ 为未知参数 θ 的一个估计,且 $E(\hat{\theta})=\theta$,$D(\hat{\theta})>0$,则(　　).

A. $E(\hat{\theta}^2)>\theta^2$　　B. $E(\hat{\theta}^2)=\theta^2$

C. $E(\hat{\theta}^2)<\theta^2$　　D. $E(\hat{\theta}^2)$与 θ^2 的大小与 $\hat{\theta}$ 有关

4. 设总体 X 的分布为

X	-1	0	1
p	2θ	θ	$1-3\theta$

其中 $0<\theta<\frac{1}{3}$,$\overline{X}$ 是样本均值. 则参数 θ 的矩估计量是(　　).

A. $1-\overline{X}$　　B. $\frac{1-\overline{X}}{5}$　　C. $\frac{1}{5}-\overline{X}$　　D. $1-\frac{\overline{X}}{5}$

5. 假设总体 X 服从参数为 λ 的泊松分布,$X_1,X_2,\cdots,X_n$ 是取自总体 X 的简单随机样本,其均值为 $\overline{X}$,方差为 S^2. 已知 $E[a\overline{X}+(2-3a)S^2]=\lambda$,则 a 等于(　　).

A. -1　　B. 0　　C. $\frac{1}{2}$　　D. 1

三、计算题(本题共有 5 小题,每小题 11 分,共 55 分)

1. 设总体 X 的概率密度为 $f(x)=\begin{cases}(\theta+1)(x-5)^{\theta}, & 5<x<6\ (\theta>0), \\ 0, & \text{其他},\end{cases}$ 其中 θ 是未知参数. $X_1,X_2,\cdots,X_n$ 是总体 X 的简单样本,分别求 θ 的矩估计和最大似然估计.

2. 设总体 X 的概率密度为 $f(x;\theta)=\begin{cases}\dfrac{1}{2\theta}, & 0<x<\theta, \\ \dfrac{1}{2(1-\theta)}, & \theta\leqslant x<1, \\ 0, & \text{其他},\end{cases}$ 其中 $0<\theta<1$,参数 θ 未知,$X_1,X_2,\cdots,X_n$ 是来自总体 X 的简单随机样本,$\overline{X}$ 是样本均值.

(1) 求参数 θ 的矩估计量 $\hat{\theta}$;(2) 判断 $4\overline{X}^2$ 是否为 θ^2 的无偏估计量,并说明理由.

3. 冷抽铜丝的折断力服从正态分布. 从一批铜丝中任取10根,测试折断力,得数据(单位：kg)如下：

$$578,572,570,568,572,570,570,596,584,572.$$

求方差 σ^2 和标准差 σ 的90%的置信区间.

4. 设总体 X 服从几何分布 $P\{X=k\}=p(1-p)^{k-1},k=1,2,\cdots$. 又 $x_1,x_2,\cdots,x_n$ 是来自总体 X 的样本值,问 p 与 $E(X)$ 的最大似然估计分别为多少？

5. 设总体 X 的概率密度为 $f(x)=\begin{cases}\lambda^2 x\mathrm{e}^{-\lambda x}, & x>0,\\ 0, & \text{其他},\end{cases}$ 其中参数 $\lambda(\lambda>0)$ 未知,X_1, $X_2,\cdots,X_n$ 是来自总体 X 的简单随机样本.

(1) 求参数 λ 的矩估计量；(2) 求参数 λ 的最大似然估计量.

四、证明题(5分)

设总体 X 服从参数为 λ 的泊松分布，$X_1, X_2, \cdots, X_n$ 是其样本，$\overline{X}, S^2$ 分别是样本均值和样本方差. 证明：对于任意常数 $c(0 \leqslant c \leqslant 1)$，$c\overline{X}+(1-c)S^2$ 是 λ 的无偏估计.

第8章

假设检验

习题 8

一、填空题和选择题

1. 在假设检验中两类错误的关系是________.

2. 设 $X_1, X_2, \cdots, X_n$ 为总体 $X \sim N(\mu, \sigma^2)$ 的样本，σ^2 已知时，在假设检验中接受域为________，在区间估计时，置信度为 $100(1-\alpha)\%$ 的置信区间是________.

3. 对于均值差的检验填写下述情况的假设检验表：

序号	原假设 H_0	条件	所用统计量	H_0 成立的统计量服从分布
1	$\mu_1=\mu_2$	两正态总体，σ_1^2, σ_2^2 未知，但 $\sigma_1^2=\sigma_2^2$		
2	$\mu_1=\mu_2$	成对数据		
3	$\mu_1=\mu_2$	两正态总体，σ_1^2, σ_2^2 已知		

4. 在假设检验中，一般情况下(　　)错误.

A. 只犯第一类　　　　B. 只犯第二类

C. 既犯第一类又犯第二类　　　　D. 不犯第一类也不犯第二类

5. 某药品中有效成分含量 $X \sim N(\mu, \sigma^2)$，原工艺生产的产品中有效成分平均含量为 a，现用新工艺试制的容量为 n 的一批产品，测得样本均值为 $\bar{x}$，标准差为 s，试判断新工艺是否真的提高了有效成分含量，认为当测得新工艺没有提高有效成分的含量时，新工艺确实提高了有效成分的含量的概率不超过5%，那么应取零假设 H_0：________，H_1：________；显著性水平 $\alpha=$________；假设检验使用的统计量为________；拒绝域为________.

二、解答下列各题

1. 某化肥厂用自动打包机包装化肥，某日抽取9包测得重量(单位：kg)如下：

$$99.3, 98.7, 100.5, 101.2, 98.3, 99.7, 99.5, 101.4, 100.5.$$

已知打包重量服从正态分布 $N(\mu, \sigma^2)$，问是否可以认为每包平均重量为 100kg($\alpha=0.05$).

(1) 若 σ^2 未知；(2) 若 $\sigma=1$；(3) 是否可相信 $\sigma^2=1.5$.

2. 在某锌矿的东西两支矿脉中，各抽取 9 个和 8 个样品进行测试得到

东支：$\overline{x}=0.230, s_1^2=0.1337$；西支：$\overline{y}=0.269, s_2^2=0.1736$.

若东西两支矿脉含锌量 $X\sim N(\mu_1,\sigma_1^2)$，$Y\sim N(\mu_2,\sigma_2^2)$，问以下两种情形是否可以认为这两支矿脉含锌量的平均值相等？

(1) $\sigma_1^2=0.1, \sigma_2^2=0.2$；(2) σ_1^2, σ_2^2 未知但 $\sigma_1^2=\sigma_2^2$；(3) 检验方差齐次性($\alpha=0.05$).

3. 某工厂两个化验室每天同时从工厂冷却水中取样测量水中含氯量(ppm)，下面是7天的记录：

日　期	1	2	3	4	5	6	7
化验室 A	1.15	1.86	0.75	1.82	1.14	1.65	1.90
化验室 B	1.00	1.90	0.90	1.80	1.20	1.70	1.95

问两个化验室测定结果有无显著差异($\alpha=0.01$).

4. 产品10000件按规定标准出厂的次品率不得超过3%，质量检验员从中任意抽取100件，发现其中有5件次品，问这批产品能否出厂？

5. 某水库因采矿而受污染，为研究对渔业的影响，随机取鱼肉样品 16 个，测定有害物质含量. 今测得含砷量的平均数与标准差分别为 $x=1.0045$，$s=0.096$mg/kg，而鱼肉含砷量的食用标准为小于 1mg/kg，问该水库放养的鱼在显著水平 $\alpha=0.1$ 条件下是否可食用？（提示：H_0：$\mu=1$，H_1：$\mu>1$.）并问此题的显著性检验问题应控制第几类错误？

6. 为测定甲、乙两种配方配制营养液对香菇产量的影响，每种配方均做 10 次试验，得到香菇的产量分别为（单位：kg）

甲配方：78.1，72.4，76.2，78.4，77.3，76.7，77.4，74.3，75.5，76.0；

乙配方：82.0，77.4，81.0，79.4，79.1，81.0，77.6，79.1，80.2，77.5.

以两种配方所产服从正态分布，且方差相等. 试问在 $\alpha=0.05$ 下，可否认为甲配方不如乙配方？（提示：H_0：$\mu_1=\mu_2$，H_1：$\mu_1<\mu_2$.）

自测题 8

一、填空题(本题共有 3 个小题,每小题 5 分,共 15 分)

1. 设总体 $X \sim N(\mu,\sigma^2)$,其中 μ 未知,$X_1,X_2,\cdots,X_n$ 为其样本,若假设检验问题为 $H_0: \sigma^2=1, H_1: \sigma^2 \neq 1$,则采用的检验统计量应为________.

2. 设 α,β 分别是假设检验中犯第一类、第二类错误的概率,且 H_0,H_1 分别为原假设和备择假设,则 $P\{$接受 $H_0 \mid H_0$ 为真$\}=$________.

3. 设某个假设检验的拒绝域为 W,且当原假设 H_0 成立时,统计值落入 W 的概率为 0.15,则犯第一类错误的概率为________.

二、选择题(本题共有 5 个小题,每小题 5 分,共 25 分)

1. 在假设检验中,H_0 表示原假设,H_1 为备择假设,则称为犯第二类错误是(　　).

A. H_1 不真,接受 H_1　　　　B. H_1 不真,接受 H_0

C. H_0 不真,接受 H_1　　　　D. H_0 不真,接受 H_0

2. 在假设检验中,H_0 表示原假设,H_1 为备择假设,则称为犯第一类错误是(　　).

A. H_1 真,接受 H_1　　　　B. H_1 不真,接受 H_1

C. H_1 真,拒绝 H_1　　　　D. H_1 不真,拒绝 H_1

3. 在假设检验中,显著性水平 $\alpha=0.05$,其意义是(　　).

A. 原假设 H_0 成立,经检验不被拒绝的概率

B. 原假设 H_0 不成立,经检验被拒绝的概率

C. 原假设 H_0 成立,经检验被拒绝的概率

D. 原假设 H_0 不成立,经检验不被拒绝的概率

4. 设总体 $X \sim N(\mu,\sigma^2)$,现在对 μ 进行假设检验,如在显著性水平 $\alpha=0.05$ 下接受了 $H_0: \mu=\mu_0$,则在显著性水平 $\alpha=0.01$ 下(　　).

A. 接受 H_0　　　　B. 拒绝 H_0

C. 可能接受,也可能拒绝 H_0　　　　D. 第一类错误概率变大

5. 设总体 $X \sim N(\mu,\sigma^2)$,μ 未知时,对 σ^2 进行检验:

$$H_0: \sigma^2=\sigma_0^2,\quad H_1: \sigma^2 \neq \sigma_0^2,$$

此时应选取统计量(　　).

A. $U=\dfrac{\overline{X}-\mu_0}{\sigma/\sqrt{n}}$　　　　B. $T=\dfrac{\overline{X}-\mu_0}{S/\sqrt{n}}$

C. $\chi^2=\dfrac{\sum\limits_{i=1}^{n}(X_i-\mu_0)^2}{\sigma_0^2}$　　　　D. $\chi^2=\dfrac{(n-1)S^2}{\sigma_0^2}$

三、计算题(本题共有 4 小题,每小题 15 分,共 60 分)

1. 某厂用某种钢生产钢筋,根据长期资料的分析,知道这种钢筋强度 X 服从正态分布,今随机抽取 6 根钢筋进行试验,测得强度 X(单位: $\mathrm{kg/mm^2}$)为

$$48.5, 49.0, 53.5, 56.0, 52.5, 49.5.$$

能否认为这种钢筋的平均强度为 52.0kg/mm^2($\alpha=0.05$)?

2. 食品厂用自动装罐机装食品罐头，规定标准重量为 500g，且标准差不得超过 8g，每天定时检查机器装罐情况，现抽取 25 罐，测得其平均重量为 $\bar{x}=502$g，样本标准差为 8g，假定罐头重量服从正态分布，试问机器工作是否正常($\alpha=0.05$)?

3. 已知某炼铁厂的铁水含碳量 X 在正常情况下服从正态分布 $X\sim N(\mu,0.108^2)$，现在测了 5 炉铁水，其含碳量分别为 4.48，4.40，4.46，4.50，4.44，问：总体的方差是否有显著的变化($\alpha=0.05$)?

4. 设某次考试的考生成绩服从正态分布,从中随机地抽取 36 位考生的成绩,算得平均成绩为 66.5 分,标准差为 15 分. 问在显著性水平 0.05 下,是否可以认为这次考试全体考生的平均成绩为 70 分? 并给出检验过程.

习题参考答案

第1章　概率论的基本概念

习题 1-1

一、1. (1) $\{2,3,\cdots,12\}$； (2) $\{t \mid t \geqslant 10\}$.

2. (1) $\overline{A}\,\overline{B}C$；(2) $A\overline{B}\,\overline{C} \cup \overline{A}B\overline{C} \cup \overline{A}\,\overline{B}C$；(3) $A \cup B \cup C$；(4) $\overline{A}\,\overline{B}\,\overline{C}$；(5) $\overline{ABC}$.

分析　一个都不发生或恰有一个发生或恰有两个发生为

$\overline{A}\,\overline{B}\,\overline{C} \cup A\overline{B}\,\overline{C} \cup \overline{A}B\overline{C} \cup \overline{A}\,\overline{B}C \cup \overline{A}BC \cup A\overline{B}C \cup AB\overline{C}$.

或至多有两个发生等价于至少有一个不发生,即 $\overline{A},\overline{B},\overline{C}$ 至少有一个发生 $\overline{A} \cup \overline{B} \cup \overline{C}$ 或三个事件中不多于两个发生的对立事件是三个事件同时发生,这相当于三个事件不同时发生,因而有 $\overline{ABC}$.

二、1. B,C.

2. A,C,E.

解　利用德·摩根定律知 $\overline{A \cup \overline{B} \cup \overline{C}} = \overline{A} \cap B \cap C$,故 C 正确. 又 $\overline{\overline{B} \cup \overline{C}} = B \cap C$,所以 $\overline{A} \cap \overline{\overline{B} \cup \overline{C}} = \overline{A} \cap B \cap C$,故 E 正确.

3. A,C,D,E,G.

解　F 中若 $A \subset B$,则 $\overline{A} \supset \overline{B}$,此选项错.

三、**解**　$AB \cup (A-B) \cup \overline{A} = AB \cup A\overline{B} \cup \overline{A} = A \cap (B \cup \overline{B}) \cup \overline{A}$

$$= A \cap S \cup \overline{A} = A \cup \overline{A} = S.$$

四、1. $\{00,100,0100,1100,1010,0110,0101,1110,1101,1011,0111,1111\}$.

2. (1) $\{(0,0,1),(0,1,0),(1,0,0),(0,1,1),(1,0,1),(1,1,0),(1,1,1)\}$;

(2) $\{(0,0,0),(0,0,1),(0,1,0),(1,0,0)\}$;

(3) $\{(0,0,1),(0,1,0),(1,0,0)\}$;

(4) $\{(0,0,0),(1,1,1)\}$.

习题 1-2

一、1. $\frac{47}{70}$.

解 设 A 表示该生是一班学生事件,B 表示该生是男生事件,则根据和事件发生概率公式有

$$P(A\cup B)=P(A)+P(B)-P(AB)=\frac{48}{140}+\frac{69}{140}-\frac{23}{140}=\frac{47}{70}.$$

2. $\frac{6\times5\times4}{10\times9\times8}=\frac{1}{6}$; $3\times\frac{C_4^1C_6^1C_5^1}{C_{10}^1C_9^1C_8^1}=\frac{1}{2}$; $1-P\{$“都是正品”$\}=1-\frac{6\times5\times4}{10\times9\times8}=\frac{5}{6}$.

3. $\frac{C_4^2}{C_{10}^3}=\frac{1}{20}$, $1-\frac{C_8^1}{C_{10}^3}=\frac{14}{15}$.

4. $\frac{7\times6\times5\times4\times3}{7^5}=\frac{360}{2401}$.

5. 0.3.

解 $P(\overline{A}\cap\overline{B})=P(\overline{A\cup B})=1-P(A\cup B)=1-P(A)-P(B)+P(A\cap B)$
$=1-0.4-0.3+0=0.3$.

6. $\frac{6}{6\times6}=\frac{1}{6}$, $\frac{2\times5}{6\times6}=\frac{5}{18}$.

7. $(C_7^6+C_5^1C_6^1C_7^4+C_5^2C_6^2C_7^2+C_5^3C_6^3)/C_{18}^6$.

二、1. C.　　2. B.　　3. C.

解 由德·摩根定律知 $P(\overline{A\cup B})=P(\overline{A}\cap\overline{B})=P(\varnothing)=0$,故选 C.

三、**解** 设 A 表示“取的数能被 2 整除”,B 表示“取的数能被 3 整除”,则 AB 表示“取的数能被 6 整除”,则

$$P(A\cup B)=P(A)+P(B)-P(AB)=\frac{500}{1000}+\frac{333}{1000}-\frac{166}{1000}=0.667.$$

四、**解** 1. (1) $P(A_1)=\frac{9^4\times5}{9^5}=\frac{5}{9}$; (2) $P(A_2)=\frac{C_9^5\times5!}{9^5}$; (3) $P(A_3)=\frac{C_5^2\times8^3}{9^5}$.

2. 无放回取三个数,无论哪三个数排列数都为 6 种,则恰为从小到大排列的概率为 $\frac{1}{6}$.

五、**解** $P(\overline{A}B)=P(B-A)=P(B)-P(AB)$.

(1) 因为 $P(AB)=0$,所以 $P(\overline{A}B)=P(B)=\frac{1}{2}$;

(2) 因为 $A\subset B$,所以 $P(AB)=P(A)$, $P(\overline{A}B)=P(B)-P(A)=\frac{1}{6}$;

(3) 因为 $P(AB)=\frac{1}{8}$,所以 $P(\overline{A}B)=P(B)-P(AB)=\frac{1}{2}-\frac{1}{8}=\frac{3}{8}$.

六、解 $P(A\overline{B})=P(A-B)=P(A)-P(AB)$，

$$0.6=P(A\cup B)=P(B)+P(A)-P(AB)=P(B)+P(A\overline{B}),$$

因为 $P(B)=0.3$，所以 $P(A\overline{B})=0.3$.

七、解 样本空间包含的方法数即"9 枚金属币平均放入三个盒子的方法数"，为 $\dfrac{9!}{3!\ 3!\ 3!}$. 先将 3 枚金币分别放到三个盒子，方法数为 3!，然后将 6 枚银币平均放到三个盒子，方法数为 $\dfrac{6!}{2!\ 2!\ 2!}$，分步骤应该是乘法，设 A 为事件"恰好每个盒子都是 1 枚金币、2 枚银币"，这个事件的方法数为 $3!\times\dfrac{6!}{2!\ 2!\ 2!}$，故 $P(A)=\dfrac{3!\times\dfrac{6!}{2!\ 2!\ 2!}}{\dfrac{9!}{3!\ 3!\ 3!}}$.

八、解 设 A 为事件"被取的 5 枚钱币之和不小于 1 角"，则 $\overline{A}$ 为事件"被取的 5 枚钱币之和小于 1 角".

样本空间包含的方法数为 C_{10}^5，$\overline{A}$ 表示"可以从 3 枚贰分币和 5 枚壹分币这 8 枚钱币中任取 5 枚，或从 2 枚伍分币中任取一枚、从 5 枚壹分币中任取 4 枚"，即 $C_8^5+C_2^1C_5^4$. 则

$$P(A)=1-P(\overline{A})=1-\frac{C_8^5+C_2^1C_5^4}{C_{10}^5}=\frac{31}{42}.$$

九、解 基本事件为"50 根螺栓中任取 3 根"，基本事件个数为 $C_{50}^3=19600$，令 A 表示"一个部件强度太弱"，则 A 为"先从 10 个部件中选一个，再把三根螺栓钉装在其上"，A 中基本事件个数为 $C_{10}^1C_3^3$，则 $P(A)=\dfrac{C_{10}^1C_3^3}{C_{50}^3}=\dfrac{10}{19600}=\dfrac{1}{1960}$.

十、解 用 A_i 表示"杯中球的最大个数为 i 个"$(i=1,2,3)$，3 个球放入 5 个杯中，放法有 5^3 种，每种放法等可能. 对 A_1，必须 3 个球放入 3 个杯中，每杯只放 1 个球，放法有 $5\times4\times3$ 种，故

$$P(A_1)=\frac{5\times4\times3}{5^3}=\frac{12}{25}.$$

对 A_2，必须 3 个球放入 2 个杯中，1 个杯中装 1 个球，1 个杯中装 2 个球，放法有 $C_3^2\times5\times4$ 种，(从 3 个球中选 2 个球，选法有 C_3^2 种，再将此 2 球放入 1 个杯中，选法有 5 种，最后将剩余的 1 个球放入其余的一个杯中，选法有 4 种.) 故

$$P(A_2)=\frac{C_3^2\times5\times4}{5^3}=\frac{12}{25}.$$

对 A_3，必须 3 个球都放入 1 个杯中，放法有 5 种，(只需从 5 个杯中选 1 个杯子，放入此 3 个球，选法有 5 种.) 故

$$P(A_3)=\frac{5}{5^3}=\frac{1}{25}.$$

十一、解 设 $A_i=$"第 i 次取到正品"$(i=1,2,3)$，则 $P(A_3)=\dfrac{6}{10}=\dfrac{3}{5}$ 或

$$P(A_3)=P(A_1A_2A_3)+P(\overline{A}_1A_2A_3)+P(\overline{A}_1\overline{A}_2A_3)+P(A_1\overline{A}_2A_3)$$

$$=\frac{6}{10}\times\frac{5}{9}\times\frac{4}{8}+\frac{4}{10}\times\frac{6}{9}\times\frac{5}{8}+\frac{4}{10}\times\frac{3}{9}\times\frac{6}{8}+\frac{6}{10}\times\frac{4}{9}\times\frac{5}{8}=\frac{3}{5},$$

$$P(\overline{A}_1\overline{A}_2A_3)=\frac{4}{10}\times\frac{3}{9}\times\frac{6}{8}=\frac{1}{10}=0.1.$$

十二、解 设 A 表示“两数之和小于$\frac{6}{5}$”，两数分别为 x，y，几何概率如右图所示：

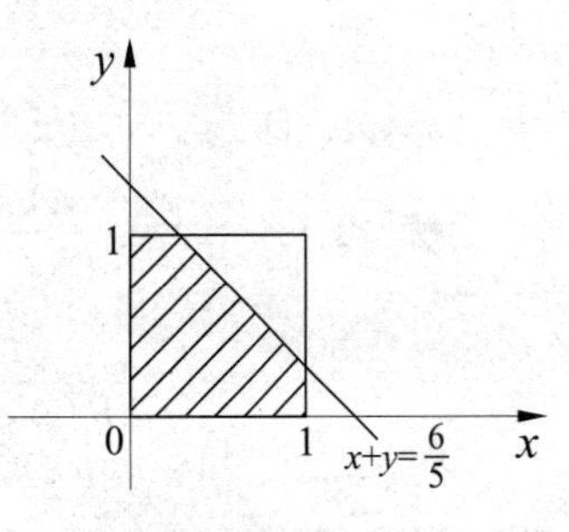

A 发生$\Leftrightarrow 0<x<1, 0<y<1, x+y<\frac{6}{5}$.

$$P(A)=\frac{S_{阴}}{S_{正}}=\frac{1-\left(1-\frac{1}{5}\right)^2\times\frac{1}{2}}{1}=\frac{17}{25}.$$

习题 1-3

一、1. $P(A|B)P(B)=0.32\times0.4=0.128, 0.572, P(\overline{AB})=1-P(AB)=0.872$.

2. $\frac{7}{40}$.

解 设 A_i 表示“第 i 次取次品”，则

$$P(\overline{A_1}\,\overline{A_2}A_3)=P(\overline{A_1})P(\overline{A_2}|\overline{A_1})P(A_3|\overline{A_1}\,\overline{A_2})=\frac{7}{10}\times\frac{6}{9}\times\frac{3}{8}=\frac{7}{40}.$$

3. $\frac{P(AB)}{P(A)}=\frac{0.1}{0.5}=0.2$；$\frac{5}{7}$.

解 $P(A|A\cup B)=\frac{P(A\cap(A\cup B))}{P(A\cup B)}=\frac{P(A)}{P(A\cup B)}=\frac{0.5}{0.7}=\frac{5}{7}$，其中

$$P(A\cup B)=P(A)+P(B)-P(AB)=0.5+0.3-0.1=0.7.$$

4. $\frac{7}{9}$.

解 $P(A|A\cup B)=\frac{P(A)}{P(A\cup B)}=\frac{0.7}{0.9}=\frac{7}{9}$，因为 $P(A\overline{B})=P(A)-P(AB)$，所以 $P(AB)=0.2$，可求 $P(A\cup B)=0.7+0.4-0.2=0.9$.

5. $\frac{7}{16}$.

解 $P(\overline{A}\,\overline{B}\,\overline{C})=P(\overline{A\cup B\cup C})=1-P(A\cup B\cup C)$

$$=1-(P(A)+P(B)+P(C)-P(AB)-P(BC)-P(AC)+P(ABC))$$

$$=1-\left(\frac{3}{4}-\frac{3}{16}\right)=\frac{7}{16},$$

这里 $P(AB)=0$，$ABC\subset AB$，所以 $0\leqslant P(ABC)\leqslant P(AB)=0$.

6. 0.665；0.06.

解 A 表示“产品为甲厂生产”，$\overline{A}$ 表示“产品为乙厂生产”，B 表示“产品为合格品”，$\overline{B}$

表示“产品为不合格品”，则

$$P(AB)=P(A)P(B|A)=0.7\times0.95=0.665,$$
$$P(\overline{A}\,\overline{B})=P(\overline{A})P(\overline{B}|\overline{A})=0.3\times0.2=0.06.$$

7. $\frac{1}{5}$.

二、1. D.

解 $P(B|A)=\frac{P(AB)}{P(A)}=\frac{4}{16}\Big/\frac{11}{16}=\frac{4}{11}$，故选 D.

2. C.

解 $P(\overline{B}|A)=\frac{P(A\overline{B})}{P(A)}=\frac{P(A)-P(AB)}{P(A)}=1$，故选 C.

3. B,D,E.

解 $P(\overline{A\cap B})=1-P(A\cap B)=1$，故选 B,D,E.

4. D.

解 $P(A-B)=P(A)-P(AB)=P(A)$，故选 D.

三、1. **解** 设 A_1 表示“第一次选对正确电话号码”，A_2 表示“第二次选对正确电话号码”，A_3 表示“第三次选对正确电话号码”.

$$\begin{aligned}&P\{\text{不超过三次选对正确电话号码}\}\\&=P(A_1)+P(\overline{A_1}A_2)+P(\overline{A_1}\,\overline{A_2}A_3)\\&=P(A_1)+P(\overline{A_1})P(A_2|\overline{A_1})+P(\overline{A_1})P(\overline{A_2}|\overline{A_1})P(A_3|\overline{A_1}\,\overline{A_2})\\&=\frac{1}{10}+\frac{9}{10}\times\frac{1}{9}+\frac{9}{10}\times\frac{8}{9}\times\frac{1}{8}=\frac{3}{10}.\end{aligned}$$

2. **解** 设 A 表示“此动物活到 20 岁以上”，B 表示“此动物活到 25 岁以上”，则

$$P(B|A)=\frac{P(AB)}{P(A)}=\frac{P(B)}{P(A)}=\frac{0.4}{0.8}=\frac{1}{2}.$$

3. **解** 设 A_1 表示“产品是 A_1 机器生产”，A_2 表示“产品是 A_2 机器生产”，A_3 表示“产品是 A_3 机器生产”，B 表示“产品为次品”，则

(1) $$\begin{aligned}P(B)&=P(A_1)P(B|A_1)+P(A_2)P(B|A_2)+P(A_3)P(B|A_3)\\&=0.25\times0.05+0.35\times0.04+0.4\times0.02=0.0345;\end{aligned}$$

(2) $$P(A_1|B)=\frac{P(A_1B)}{P(B)}=\frac{0.25\times0.05}{0.0345}=36.23\%.$$

4. **解** 设 A 表示“机器调整良好”，$\overline{A}$ 表示“机器发生故障”，B 表示“产品为合格品”，则

$$\begin{aligned}P(A|B)&=\frac{P(AB)}{P(B)}=\frac{P(A)P(B|A)}{P(A)P(B|A)+P(\overline{A})P(B|\overline{A})}\\&=\frac{0.9\times0.75}{0.9\times0.75+0.3\times0.25}=0.9.\end{aligned}$$

5. **解** 设 A_1 表示“从甲袋取出的是 1 个白球 1 个黑球”，A_2 表示“从甲袋取出的是 2 个白球”，B 表示“从乙袋中取出白球”，则

$$P(B)=P(A_1)P(B|A_1)+P(A_2)P(B|A_2)=\frac{C_2^1}{C_3^2}\cdot\frac{C_2^1}{C_5^1}+\frac{C_2^2}{C_3^2}\cdot\frac{C_3^1}{C_5^1}=\frac{7}{15}.$$

6. **解** 设 A_1 表示"乘地铁到家",A_2 表示"乘汽车到家",B 表示"5：47 到家",则

$$P(B)=P(A_1)P(B|A_1)+P(A_2)P(B|A_2)=0.5\times0.55+0.5\times0.25=0.4,$$

于是

$$P(A_1|B)=\frac{P(A_1)P(B|A_1)}{P(B)}=\frac{11}{16}.$$

7. **解** 设 A_i 表示"第一次取 i 个新球",$i=0,1,2,3$;B 表示"第二次取新球".

(1) $P(B)=P(A_0)P(B|A_0)+P(A_1)P(B|A_1)+P(A_2)P(B|A_2)+P(A_3)P(B|A_3)$

$$=\frac{C_3^3}{C_{12}^3}\cdot\frac{C_9^3}{C_{12}^3}+\frac{C_3^2C_9^1}{C_{12}^3}\cdot\frac{C_8^3}{C_{12}^3}+\frac{C_3^1C_9^2}{C_{12}^3}\cdot\frac{C_7^3}{C_{12}^3}+\frac{C_9^3}{C_{12}^3}\cdot\frac{C_6^3}{C_{12}^3}=0.1458.$$

(2) $P(A_3|B)=\dfrac{P(A_3)P(B|A_3)}{P(B)}=\dfrac{\dfrac{C_9^3}{C_{12}^3}\cdot\dfrac{C_6^3}{C_{12}^3}}{0.1458}=0.238.$

8. **解** 字母脱落两个共有五种情况,脱落"M,X"或"A,X"或"M,A"或"A,A"或"M,M",分别用 A_1,A_2,A_3,A_4,A_5 表示,则 $A_i(i=1,2,3,4,5)$ 构成划分;设 $B=$"放回结果正确",基本事件总数为 $C_5^2=10$.

$$P(A_1)=P(A_2)=\frac{2}{10},\quad P(A_3)=\frac{4}{10},\quad P(A_4)=P(A_5)=\frac{1}{10},$$

$$P(B|A_i)=\frac{1}{2},i=1,2,3,\quad P(B|A_i)=1,i=4,5.$$

由全概率公式,有

$$P(B)=\sum_{i=1}^{5}P(A_i)P(B\mid A_i)=\frac{1}{2}\times\left(\frac{2}{10}+\frac{2}{10}+\frac{4}{10}\right)+1\times\left(\frac{1}{10}+\frac{1}{10}\right)=\frac{3}{5}.$$

9. **解** (1) 设 $A_i=\{$考生的报名表是第 i 个地区的$\}$,$i=1,2,3$;$B=\{$取到的报名表是女生的$\}$.由全概率公式知

$$p=P(B)=P(A_1)P(B|A_1)+P(A_2)P(B|A_2)+P(A_3)P(B|A_3)$$
$$=\frac{1}{3}\times\frac{3}{10}+\frac{1}{3}\times\frac{7}{15}+\frac{1}{3}\times\frac{1}{5}=\frac{29}{90}.$$

(2) 设 $C=\{$先取的报名表是女生的$\}$,$D=\{$后取的报名表是男生的$\}$,则

$$q=P(C|D)=\frac{P(CD)}{P(D)}=\frac{P(CD)}{P(CD)+P(\overline{C}D)},$$

其中

$$P(CD)=P(A_1)P(CD|A_1)+P(A_2)P(CD|A_2)+P(A_3)P(CD|A_3)$$
$$=\frac{1}{3}\times\frac{3}{10}\times\frac{7}{9}+\frac{1}{3}\times\frac{7}{15}\times\frac{8}{14}+\frac{1}{3}\times\frac{1}{5}\times\frac{20}{24}=\frac{2}{9},$$

$$P(\overline{C}D)=P(A_1)P(\overline{C}D|A_1)+P(A_2)P(\overline{C}D|A_2)+P(A_3)P(\overline{C}D|A_3)=\frac{41}{90},$$

所以可计算得 $q=\dfrac{20}{61}$.

习题 1-4

一、1. 0.8.

解 A,B 分别表示“甲击中敌机”和“乙击中敌机”，C 表示“敌机被击中”，则

$$P(C)=P(A\cup B)=1-P(\overline{A\cup B})=1-P(\overline{A}\cap\overline{B})$$
$$=1-P(\overline{A})P(\overline{B})=1-0.4\times 0.5=0.8.$$

2. $\frac{3}{4}$.

解 下面用 A 表示“元件 A 正常工作”，B 表示“元件 B 正常工作”. 由

$$P(A\cup B)=1-P(\overline{A})P(\overline{B})=1-(1-p)^2=\frac{15}{16}$$

知 $p=\frac{3}{4}$，这里 p 为元件正常工作的概率.

3. 0.56； 0.94； 0.38.

解 设 A 表示“甲批一粒种子发芽”，B 表示“乙批一粒种子发芽”，则

$P(AB)=P(A)P(B)=0.8\times 0.7=0.56$，

$P(A\cup B)=P(A)+P(B)-P(AB)=0.8+0.7-0.56=0.94$，

$P(\overline{A}B)+P(A\overline{B})=P(\overline{A})P(B)+P(A)P(\overline{B})=0.2\times 0.7+0.8\times 0.3=0.38$.

4. $a+b+c-d-ab$.

解 $P(BC)=0$，由 $ABC\subset BC$，则 $0\leqslant P(ABC)\leqslant P(BC)=0$，故 $P(ABC)=0$，于是

$$P(A\cup B\cup C)=P(A)+P(B)+P(C)-P(AB)-P(BC)-P(AC)+P(ABC)$$
$$=a+b+c-ab-0-d+0.$$

5. $\frac{1}{3}$.

解 设 B_i 表示“第 i 次试验事件 A 出现”，$i=1,2,3$，p 为事件 A 出现的概率，则

$P\{$事件 A 至少出现一次$\}=P(B_1\cup B_2\cup B_3)=1-P(\overline{B_1}\cap\overline{B_2}\cap\overline{B_3})=1-(1-p)^3=\frac{19}{27}$，

所以 $p=\frac{1}{3}$.

二、1. D.

解 如果 AB 互斥，则有 $P(AB)=0$，得 $P(A\cup B)=P(A)+P(B)-P(AB)>1$，而 $0\leqslant P(A\cup B)\leqslant 1$，矛盾，故选 D.

2. D.

解 因为 $P(\overline{A\cup B})=P(\overline{A}\cap\overline{B})=P(\overline{A})P(\overline{B})$，所以 $\overline{A},\overline{B}$ 相互独立，即 A,B 相互独立，故选 D.

3. B.

解 因为 $P\{(A\cup B)\cap C\}=P(A\cup B)P(C)=[1-P(\overline{A})P(\overline{B})]P(C)=\frac{3}{4}\times\frac{1}{2}=\frac{3}{8}$，故选 B.

4. D.

解 因为 $AB=\varnothing$，所以 $P(AB)=0$，$P(A-B)=P(A)-P(AB)=P(A)$，故选 D.

三、1. **解** 设 A,B,C 分别表示“甲、乙、丙三人独立破译密码”，D 表示“将密码译出”，则 $P(A)=0.2$，$P(B)=0.25$，$P(C)=0.3$，从而

$$P(D)=P(A\cup B\cup C)=1-P(\overline{A})P(\overline{B})P(\overline{C})=1-0.8\times0.75\times0.7=0.58.$$

2. **解** 设有甲乙丙三台车床，A 表示“甲车床需要照顾”，B 表示“乙车床需要照顾”，C 表示“丙车床需要照顾”，则由题意知

$$\begin{aligned}&P(\overline{A}\,\overline{B}\,\overline{C}\cup A\overline{B}\,\overline{C}\cup\overline{A}B\overline{C}\cup\overline{A}\,\overline{B}C)\\&=P(\overline{A}\,\overline{B}\,\overline{C})+P(A\overline{B}\,\overline{C})+P(\overline{A}B\overline{C})+P(\overline{A}\,\overline{B}C)\\&=P(\overline{A})P(\overline{B})P(\overline{C})+P(A)P(\overline{B})P(\overline{C})+P(\overline{A})P(B)P(\overline{C})+P(\overline{A})P(\overline{B})P(C)\\&=0.9\times0.8\times0.7+0.1\times0.8\times0.7+0.9\times0.2\times0.7+0.9\times0.8\times0.3=0.902.\end{aligned}$$

3. **解** 设 A_1 表示“第三局甲胜”，A_2 表示“第三局乙胜第四局甲胜”，A_3 表示“第三局第四局乙胜第五局甲胜”，则

$$P(A_1)=0.6,\quad P(A_2)=0.6\times0.4,\quad P(A_3)=0.6\times(0.4)^2,$$
$$P(B)=P(A_1)+P(A_2)+P(A_3)=0.936.$$

*4. **解** 设 A_1 为事件“输入 AAAA”，A_2 为事件“输入 BBBB”，A_3 为事件“输入 CCCC”，D 为事件“输出 ABCA”，则

$$\begin{aligned}P(D)&=P(A_1)P(D|A_1)+P(A_2)P(D|A_2)+P(A_3)P(D|A_3)\\&=p_1\cdot\alpha^2\cdot\frac{(1-\alpha)^2}{4}+p_2\cdot\alpha\cdot\frac{(1-\alpha)^3}{8}+p_3\cdot\alpha\cdot\frac{(1-\alpha)^3}{8},\end{aligned}$$

$$P(A_1|D)=\frac{P(D|A_1)P(A_1)}{P(D)}=\frac{p_1\alpha}{p_1\alpha+p_2\,\dfrac{1-\alpha}{2}+p_3\,\dfrac{1-\alpha}{2}}.$$

5. **解** 由 $P(A\overline{B})=P(\overline{A}B)$ 知 $P(A-B)=P(B-A)$，即 $P(A)-P(AB)=P(B)-P(AB)$，故 $P(A)=P(B)$，从而 $P(\overline{A})=P(\overline{B})$，由题意得 $\frac{1}{9}=P(\overline{A}\,\overline{B})=P(\overline{A})P(\overline{B})=[P(\overline{A})]^2$，所以 $P(\overline{A})=\frac{1}{3}$，故 $P(A)=\frac{2}{3}$.（提示：A,B 独立$\Rightarrow\overline{A}$ 与 B，A 与 $\overline{B}$，$\overline{A}$ 与 $\overline{B}$ 均独立.）

6. **解** 设 A_1,A_2,A_3,A_4 分别为 A 型，B 型，AB 型，O 型供血，B_1,B_2,B_3,B_4 分别为 A 型，B 型，AB 型，O 型受血，则 $P(A_1)=P(B_1)=37.5\%$，$P(A_2)=P(B_2)=20.9\%$，$P(A_3)=P(B_3)=7.9\%$，$P(A_4)=33.7\%$.

$$\begin{aligned}&P(\text{输血成功})=P\{(A_1\cup A_2\cup A_3\cup A_4)\cap(B_1\cup B_2\cup B_3\cup B_4)\}\\&=P(A_1B_1\cup\cdots\cup A_1B_4\cup A_2B_1\cup\cdots\cup A_2B_4\cup A_3B_1\cup\cdots\cup A_3B_4\cup A_4B_1\cup\cdots\cup A_4B_4)\\&=P(A_1B_1)+P(A_1B_3)+P(A_2B_2)+P(A_2B_3)+P(A_3B_1)+P(A_3B_2)+P(A_3B_3)+P(A_4)\\&=P(A_1)P(B_1)+P(A_1)P(B_3)+P(A_2)P(B_2)+P(A_2)P(B_3)\\&\quad+P(A_3)P(B_1)+P(A_3)P(B_2)+P(A_3)P(B_3)+P(A_4)\\&=61.98\%.\end{aligned}$$

自测题 1

一、1. D.　2. C.　3. B.　4. D.　5. A.

二、1. $\frac{1}{4}$.　2. 0.875.　3. $\frac{1}{5}$.　4. $\frac{C_8^3C_{12}^1A_{11}^5}{12^8}$.　5. 0.9.

三、1. **解**　由 $P(B|\overline{A})=\frac{P(\overline{A}B)}{P(\overline{A})}=\frac{P(B)-P(AB)}{1-P(A)}=0.4$，解得 $P(AB)=0.4$.

2. **解**　设 A 表示"第一次抽到正品"，B 表示"第二次抽到次品"，C 表示"第一次抽到正品，第二次抽到次品". 则有放回情况：$P(C)=\frac{47}{50}\times\frac{3}{50}=0.0564$；无放回情况：$P(C)=\frac{47}{50}\times\frac{3}{49}=0.0576$.

3. **解**　设 A_1 为事件"飞机被一人击中"，A_2 为事件"飞机被两人击中"，A_3 为事件"飞机被三人击中"，B 为事件"飞机被击落"，$A_甲$，$A_乙$，$A_丙$ 分别表示甲乙丙三人击中飞机，则

$$
\begin{aligned}
P(A_1)&=P(A_甲\overline{A_乙}\,\overline{A_丙})+P(\overline{A_甲}A_乙\overline{A_丙})+P(\overline{A_甲}\,\overline{A_乙}A_丙)\\
&=0.4\times0.5\times0.3+0.6\times0.5\times0.3+0.6\times0.5\times0.7=0.36,\\
P(A_2)&=P(A_甲A_乙\overline{A_丙})+P(A_甲A_乙\overline{A_丙})+P(\overline{A_甲}A_乙A_丙)\\
&=0.4\times0.5\times0.3+0.4\times0.5\times0.7+0.6\times0.5\times0.7=0.41,\\
P(A_3)&=P(A_甲A_乙A_丙)=0.4\times0.5\times0.7=0.14.
\end{aligned}
$$

于是

$$
\begin{aligned}
P(B)&=P(A_1)P(B|A_1)+P(A_2)P(B|A_2)+P(A_3)P(B|A_3)\\
&=0.36\times0.2+0.41\times0.6+0.14=0.458.
\end{aligned}
$$

4. **解**　设 A_0 表示"该箱玻璃杯含 0 只次品"，A_1 表示"该箱玻璃杯含 1 只次品"，A_2 表示"该箱玻璃杯含 2 只次品"，B 表示"顾客买下该箱玻璃杯".

(1)
$$
\begin{aligned}
P(B)&=P(A_0)P(B|A_0)+P(A_1)P(B|A_1)+P(A_2)P(B|A_2)\\
&=0.8\times1+0.1\times\frac{C_{19}^4}{C_{20}^4}+0.1\times\frac{C_{18}^4}{C_{20}^4}=0.943.
\end{aligned}
$$

(2) $P(A_0|B)=\frac{P(A_0)P(B|A_0)}{P(B)}=\frac{0.8\times1}{0.943}=0.848$.

5. **解**　设 A 表示"取到产品由 A 厂生产"，B 表示"取到产品由 B 厂生产"，C 表示"取到产品是次品"，则

$$P(C)=P(C|A)P(A)+P(C|B)P(B)=0.6\times0.01+0.4\times0.02=0.014,$$

$$P(A|C)=\frac{P(AC)}{P(C)}=\frac{P(C|A)P(A)}{P(C)}=\frac{0.6\times0.01}{0.014}=0.429,$$

$$P(B|C)=\frac{P(BC)}{P(C)}=\frac{P(C|B)P(B)}{P(C)}=\frac{0.4\times0.02}{0.014}=0.571.$$

所以该次品是 B 工厂生产的可能性大.

第 2 章 随机变量及其分布

习题 2-1

一、1.

X	3	4	5
p	$\frac{1}{C_5^3}=\frac{1}{10}$	$\frac{C_3^2}{C_5^3}=\frac{3}{10}$	$\frac{C_4^2}{C_5^3}=\frac{3}{5}$

2. (1)

X	1	2	3	4	5
p	0.9	0.1×0.9	$0.1^2\times0.9$	$0.1^3\times0.9$	0.0001

解 其中 $X=5$ 包括了第 5 枪打中和未打中的两种情况，所以 $P\{X=5\}=0.1^4\times0.9+0.1^5=0.1^4$. 或由分布律的性质 $\sum_{k=1}^{5}p_k=1$，求出 $P\{X=5\}$.

(2) $P\{X=k\}=0.1^{k-1}\times0.9, k=1,2,\cdots$. X 服从几何分布.

3. 1.

解 由分布律的性质知 $\sum_{k=1}^{N}\frac{a}{N}=1$，即 $\frac{a}{N}\cdot N=1$，则 $a=1$.

4. **解** $P\{2\leqslant X<4\}=P(\{X=2\}\cup\{X=3\})=P\{X=2\}+P\{X=3\}=0.7$.

$$\text{分布函数 } F(x)=\begin{cases}0, & x<1,\\ P\{X=1\}, & 1\leqslant x<2,\\ P\{X=1\}+P\{X=2\}, & 2\leqslant x<3,\\ P\{X=1\}+P\{X=2\}+P\{X=3\}, & x\geqslant 3\end{cases}=\begin{cases}0, & x<1,\\ 0.3, & 1\leqslant x<2,\\ 0.7, & 2\leqslant x<3,\\ 1, & x\geqslant 3.\end{cases}$$

5. $\frac{2}{3}e^{-2}$.

解 $X\sim\pi(\lambda)$，则它的分布律为 $P\{X=k\}=\frac{\lambda^k e^{-\lambda}}{k!}, k=0,1,2,\cdots$. 故

$$\lambda e^{-\lambda}=\frac{\lambda^2}{2}e^{-\lambda}\Rightarrow\lambda=2,\quad P\{X=4\}=\frac{2^4}{4!}e^{-2}=\frac{2}{3}e^{-2}.$$

6. $P\{X=2\}=C_{10}^2(0.1)^2(0.9)^8$；$P\{X\geqslant2\}=1-(0.9)^{10}-(0.9)^9$.

解 $P\{X\geqslant2\}=1-P\{X<2\}=1-P\{X=0\}-P\{X=1\}=1-(0.9)^{10}-(0.9)^9$.

$X\sim b(10,0.1)$，其分布律为 $P\{X=k\}=C_{10}^k(0.1)^k(0.9)^{10-k}, k=0,1,\cdots,10$.

7. $P\{X=0\}=0.3, P\{X=1\}=0.7$.

8. $P\{X=k\}=C_4^k\left(\frac{1}{6}\right)^k\left(\frac{5}{6}\right)^{4-k}, k=0,1,2,3,4$.

解 由 $X\sim b\left(4,\frac{1}{6}\right)$ 可得.

9. $1-e^{-\frac{5}{2}}$.

解 $X\sim\pi\left(\frac{5}{2}\right)$，即 X 的分布律 $P\{X=k\}=\frac{\left(\frac{5}{2}\right)^k e^{-\frac{5}{2}}}{k!}$，$k=0,1,2,\cdots$. 于是

$$P\{X\geqslant 1\}=1-P\{X<1\}=1-P\{X=0\}=1-e^{-\frac{5}{2}}.$$

10. 1.

解 由分布函数的性质得 $\lim\limits_{x\to 1^+}F(x)=F(1)$，则 $A=1$.

二、1. C.

解 $F(2)=P\{X\leqslant 2\}=P\{X=0\}+P\{X=1\}+P\{X=2\}=0.8$.

2. D.

解 设 X 为5次射击命中目标的次数，则 $X\sim b(5,0.8)$，$P\{X=k\}=C_5^k\cdot 0.8^k\times 0.2^{5-k}$. $P\{X=2\}=C_5^2 0.8^2\times 0.2^3$.

3. A,B,C.

解 $X\sim\pi(2)$，其分布律 $P\{X=k\}=\frac{2^k e^{-2}}{k!}(k=0,1,2,\cdots)$，则

选项C：$F(0)=P\{X\leqslant 0\}=P\{X=0\}=\frac{2^0 e^{-2}}{0!}=e^{-2}$.

选项D：$P\{X=1\}=2e^{-2}$.

选项E：$P\{X\leqslant 1\}=P\{X=0\}+P\{X=1\}=3e^{-2}$.

4. A,B.

5. D.

解 选项A：$F(+\infty)=F(-\infty)=0$；选项B：$F(+\infty)=-\frac{1}{4}$，$F(-\infty)=\frac{7}{4}$；选项C：$F(+\infty)=+\infty$，$F(-\infty)=0$；选项D：$F(+\infty)=1$，$F(-\infty)=0$.

三、1. **解** (1) $\begin{cases}F(-\infty)=0,\\F(+\infty)=1,\end{cases}$ 即 $\begin{cases}A-B\cdot\frac{\pi}{2}=0,\\A+B\cdot\frac{\pi}{2}=1,\end{cases}$ 故 $B=\frac{1}{\pi}$，$A=\frac{1}{2}$.

(2) $F'(x)=\left(\frac{1}{2}+\frac{1}{\pi}\arctan x\right)'=\frac{1}{\pi}\frac{1}{1+x^2}$.

(3) $P\{-1<X\leqslant 1\}=\int_{-1}^{1}\frac{1}{\pi(1+x^2)}dx=\frac{1}{\pi}\cdot\arctan x\Big|_{-1}^{1}=\frac{1}{2}$.

或 $P\{-1<X\leqslant 1\}=F(1)-F(-1)=\frac{1}{\pi}\cdot\frac{\pi}{4}-\frac{1}{\pi}\cdot\left(-\frac{\pi}{4}\right)=\frac{1}{2}$.

2. **解** $P\{X\geqslant 1\}=1-P\{X<1\}=\frac{5}{9}$，所以 $P\{X<1\}=\frac{4}{9}$. 又

$$P\{X<1\}=P\{X=0\}=C_2^0 p^0(1-p)^2=\frac{4}{9},$$

故 $p=\frac{1}{3}$. 于是 $Y\sim b\left(3,\frac{1}{3}\right)$,所以

$$P\{Y\geqslant 1\}=1-P\{Y<1\}=1-P\{Y=0\}=1-\left(\frac{2}{3}\right)^3=\frac{19}{27}.$$

3. **解** 设 X 为给定的一页有错字的个数,则 $X\sim b\left(500,\frac{1}{500}\right)$.

因为 $n=500,p=\frac{1}{500}$,于是此二项分布近似于泊松分布,其中 $\lambda=np=1$,故

$$\begin{aligned}P\{X\geqslant 3\}&=1-P\{X<3\}=1-P\{X=0\}-P\{X=1\}-P\{X=2\}\\&=1-e^{-1}-e^{-1}-\frac{e^{-1}}{2!}=1-\frac{5e^{-1}}{2}.\end{aligned}$$

4. **解** 设至少配备 k 个维修工人,设 X 为发生故障的个数,则 $X\sim b(300,0.01)$. 根据泊松定理 $\lambda=np=3$,于是 $P\{X>k\}<0.01$ 的最大 k 值,即 $P\{X\leqslant k\}\geqslant 0.99\Rightarrow \sum_{i=0}^{k}\frac{3^i e^{-3}}{i!}\geqslant 0.99$,查表得 $k=8$.

5. **解** 由题设可知,X 的可能取值为 0,1,2,3. 设 $A_i=\{$汽车在第 i 个路口首次遇到红灯$\}$,A_0,A_1,A_2,A_3 相互独立,且 $P(A_i)=P(\overline{A_i})=\frac{1}{2}$,所以

$$P\{X=0\}=P(A_1)=\frac{1}{2},\qquad P\{X=1\}=P(\overline{A_1}A_2)=P(\overline{A_1})P(A_2)=\frac{1}{4},$$

$$P\{X=2\}=P(\overline{A_1}\,\overline{A_2}A_3)=P(\overline{A_1})P(\overline{A_2})P(A_3)=\frac{1}{8},$$

$$P\{X=3\}=P(\overline{A_1}\,\overline{A_2}\,\overline{A_3})=P(\overline{A_1})P(\overline{A_2})P(\overline{A_3})=\frac{1}{8}.$$

于是 X 的概率分布表为

X	0	1	2	3
p_k	$\frac{1}{2}$	$\frac{1}{4}$	$\frac{1}{8}$	$\frac{1}{8}$

6. **解** 设 X 为抽到的 30 件产品中不合格品的件数,则 $X\sim b(30,0.02)$,因此

$$P\{X=0\}=0.98^{30}=0.5455,\qquad P\{X=1\}=30\times 0.98^{29}\times 0.02=0.3340,$$
$$P\{X\geqslant 1\}=1-P\{X=0\}=0.4545.$$

(1) 不合格品不少于两件的概率为 $P\{X\geqslant 2\}=1-P\{X=0\}-P\{X=1\}=0.1205$.

(2) 在已经发现至少一件不合格品的条件下,不合格品不少于两件的概率为

$$P\{X\geqslant 2\mid X\geqslant 1\}=\frac{P\{X\geqslant 1,X\geqslant 2\}}{P\{X\geqslant 1\}}=\frac{P\{X\geqslant 2\}}{P\{X\geqslant 1\}}\approx 0.2651.$$

7. **解** 设 X 为 n 例服药者出现副作用的人数,则 $X\sim b(1000,0.002)$. 由于 $n=1000$,$p=0.002$,显然满足泊松定理的条件,所以 X 近似服从参数为 2 的泊松分布.

(1) 恰好有 0,1,2,3 例出现副作用的概率分别为

$$P\{X=0\}\approx e^{-2}\approx 0.1353,\qquad P\{X=1\}\approx 2e^{-2}\approx 0.2707,$$

$$P\{X=2\}\approx 2e^{-2}\approx 0.2707,\qquad P\{X=3\}\approx \frac{4}{3}e^{-2}\approx 0.1804.$$

（2）最少有一例出现副作用的概率为 $P\{X\geqslant 1\}=1-P\{X=0\}\approx 0.8647$.

习题 2-2

一、1. $\frac{1}{\pi}$.

解 由概率密度的性质知 $\int_{-\infty}^{+\infty}f(x)\mathrm{d}x=1$，即 $c\cdot \arctan x\Big|_{-\infty}^{+\infty}=c\pi=1$，故 $c=\frac{1}{\pi}$.

2. $e^{-\frac{1}{2}}$.

解 X 的概率密度为 $f(x)=\begin{cases}\frac{1}{600}e^{-\frac{1}{600}x}, & x>0,\\ 0, & x\leqslant 0,\end{cases}$ 则

$$P\{X>300\}=\int_{300}^{+\infty}\frac{1}{600}e^{-\frac{1}{600}x}\mathrm{d}x=-e^{-\frac{1}{600}x}\Big|_{300}^{+\infty}=e^{-\frac{1}{2}}.$$

3. $1-(1-e^{-0.5})^3$.

解 设 X 为 3 个元件中寿命超过 300h 的个数，则 $X\sim b(3,e^{-0.5})$. 于是

$$P\{X\geqslant 1\}=1-P\{X<1\}=1-P\{X=0\}=1-(1-e^{-0.5})^3.$$

4. 1.96.

解 $\Phi(d)-\Phi(-d)=0.95$，即 $2\Phi(d)=1.95$，所以 $\Phi(d)=0.975$，查表知 $d=1.96$.

5. 0.5， 0.6853， 3.92.

解 $P\{X>2\}=1-P\{X\leqslant 2\}=1-P\left\{\frac{X-2}{2}\leqslant\frac{2-2}{2}\right\}=1-\Phi(0)=0.5$.

$$P\{|X|<3\}=P\{-3<X<3\}=P\left\{\frac{-3-2}{2}<\frac{X-2}{2}<\frac{3-2}{2}\right\}=\Phi\left(\frac{1}{2}\right)-\Phi\left(-\frac{5}{2}\right)$$

$$=\Phi\left(\frac{1}{2}\right)+\Phi\left(\frac{5}{2}\right)-1=0.6915+0.9938-1=0.6853.$$

$$P\{|X-2|<c\}=\Phi\left(\frac{c}{2}\right)-\Phi\left(-\frac{c}{2}\right)=2\Phi\left(\frac{c}{2}\right)-1=0.95,$$

则 $\Phi\left(\frac{c}{2}\right)=0.975$，查表得 $c=3.92$.

6. 0.3472.

解 $P\{2\leqslant X<4\}=\Phi\left(\frac{4-3}{\sqrt{5}}\right)-\Phi\left(\frac{2-3}{\sqrt{5}}\right)=2\Phi(0.45)-1=0.3472$.

7. 2.

解 $X\sim f(x)=\begin{cases}\frac{1}{2a}, & -a<x<a,\\ 0, & 其他,\end{cases}$ 因为 $P\{|X|<1\}=P\{|X|>1\}$，所以

$$\frac{1}{2}=P\{|X|<1\}=\int_{-1}^{1}f(x)\mathrm{d}x=\int_{-1}^{1}\frac{1}{2a}\mathrm{d}x,$$

解得 $a=2$.

二、1. A.

解 由概率密度的性质知(1) $\sin x \geqslant 0$，所以 B, C 错误；(2) $\int_{-\infty}^{+\infty} \sin x \, dx = 1$，而 $\int_{0}^{\frac{\pi}{2}} \sin x \, dx = 1$，则 A 正确.

2. A,D,E.

解 $X \sim N(1,2^2)$，则曲线 $\phi(x)$ 关于 $x=1$ 对称. 故 A,D,E 正确.

3. D.

解 $X \sim N(0,2^2)$，它的概率密度 $f(x)=\frac{1}{\sqrt{2\pi}\times 2}e^{-\frac{x^2}{2\times 4}}$，则 $P\{X<1\}=\int_{-\infty}^{1} f(x)dx$，所以 A 错误. 同时 $P\{X<1\}=P\left\{\frac{X-0}{2}<\frac{1}{2}\right\}=\Phi\left(\frac{1}{2}\right)=\int_{-\infty}^{\frac{1}{2}} \frac{1}{\sqrt{2\pi}}e^{-\frac{x^2}{2}}dx$. 故 D 正确.

4. C.

解 $\phi(x)=\frac{1}{\sqrt{6\pi}}e^{-\frac{x^2-4x+4}{6}}=\frac{1}{\sqrt{2\pi}\times\sqrt{3}}e^{-\frac{(x-2)^2}{2(\sqrt{3})^2}}$，所以 $X \sim N(2,(\sqrt{3})^2)$，于是曲线关于 $x=2$ 对称，则 $c=2$.

5. A,D.

6. A,B,C,E.

7. B.

解 $\phi(-x)=\phi(x)$，所以 $\int_{-\infty}^{0}\phi(x)dx=\int_{0}^{+\infty}\phi(x)dx=\frac{1}{2}$，

$$
\begin{aligned}
F(-a)&=P\{X\leqslant -a\}=P\{X\geqslant a\}=1-\int_{-\infty}^{a}\phi(x)dx\\
&=1-\int_{-\infty}^{0}\phi(x)dx-\int_{0}^{a}\phi(x)dx=\frac{1}{2}-\int_{0}^{a}\phi(x)dx.
\end{aligned}
$$

三、1. **解** X 的概率密度函数为 $f(x)=\begin{cases}e^{-x}, & x>0,\\ 0, & 其他,\end{cases}$ 于是

$$
\begin{aligned}
P\{方程无实根\}&=P\{\Delta<0\}=P\{(4X)^2-16(X+2)<0\}\\
&=P\{X^2-X-2<0\}=P\{-1<X<2\}\\
&=\int_{-1}^{2}f(x)dx=\int_{0}^{2}e^{-x}dx=-e^{-x}\Big|_{0}^{2}=1-e^{-2}.
\end{aligned}
$$

2. **解** (1) 由概率密度函数的性质知 $\int_{-\infty}^{+\infty}f(x)dx=1$，即

$$
\int_{-1}^{+\infty}ce^{-2|x|}\,dx=c\left(\int_{-1}^{0}e^{2x}dx+\int_{0}^{+\infty}e^{-2x}dx\right)=c\left(\frac{1}{2}e^{2x}\Big|_{-1}^{0}-\frac{1}{2}e^{-2x}\Big|_{0}^{+\infty}\right)=1,
$$

所以 $c=\frac{2}{2-e^{-2}}$.

(2) $P\{1<X<2\}=\int_{1}^{2}f(x)dx=\int_{1}^{2}\frac{2}{2-e^{-2}}e^{-2x}dx=-\frac{1}{2-e^{-2}}e^{-2x}\Big|_{1}^{2}=\frac{e^{-2}-e^{-4}}{2-e^{-2}}$.

(3) 当 $x\leqslant -1$ 时，$F(x)=P\{X\leqslant x\}=\int_{-\infty}^{x}f(t)\mathrm{d}t=0$；

当 $-1<x<0$ 时，$F(x)=\int_{-\infty}^{x}f(t)\mathrm{d}t=\int_{-\infty}^{-1}0\mathrm{d}t+\int_{-1}^{x}\frac{2}{2-\mathrm{e}^{-2}}\mathrm{e}^{2t}\mathrm{d}t$

$$=\frac{1}{2-\mathrm{e}^{-2}}\mathrm{e}^{2t}\Big|_{-1}^{x}=\frac{\mathrm{e}^{2x}-\mathrm{e}^{-2}}{2-\mathrm{e}^{-2}};$$

当 $x\geqslant 0$ 时，$F(x)=\int_{-\infty}^{x}f(t)\mathrm{d}t$

$$=\int_{-\infty}^{-1}0\mathrm{d}t+\int_{-1}^{0}\frac{2}{2-\mathrm{e}^{-2}}\mathrm{e}^{2t}\mathrm{d}t+\int_{0}^{x}\frac{2}{2-\mathrm{e}^{-2}}\mathrm{e}^{-2t}\mathrm{d}t$$

$$=\frac{1}{2-\mathrm{e}^{-2}}\cdot\left(\mathrm{e}^{2t}\Big|_{-1}^{0}-\mathrm{e}^{-2t}\Big|_{0}^{x}\right)=\frac{2-\mathrm{e}^{-2x}-\mathrm{e}^{-2}}{2-\mathrm{e}^{-2}}.$$

因此 $F(x)=\begin{cases}0, & x\leqslant -1,\\ \dfrac{\mathrm{e}^{2x}-\mathrm{e}^{-2}}{2-\mathrm{e}^{-2}}, & -1<x<0,\\ \dfrac{2-\mathrm{e}^{-2}-\mathrm{e}^{-2x}}{2-\mathrm{e}^{-2}}, & x\geqslant 0.\end{cases}$

3. **解** (1) 当 $x<0$ 时，$F(x)=P\{X\leqslant x\}=\int_{-\infty}^{x}f(t)\mathrm{d}t=0$；

当 $0\leqslant x<1$ 时，$F(x)=\int_{-\infty}^{x}f(t)\mathrm{d}t=\int_{0}^{x}t\mathrm{d}t=\frac{x^2}{2}$；

当 $1\leqslant x<2$ 时，$F(x)=\int_{-\infty}^{x}f(t)\mathrm{d}t=\int_{0}^{1}t\mathrm{d}t+\int_{1}^{x}(2-t)\mathrm{d}t$

$$=\frac{1}{2}+\left[2t-\frac{t^2}{2}\right]_{1}^{x}=2x-\frac{x^2}{2}-1;$$

当 $x\geqslant 2$ 时，$F(x)=\int_{-\infty}^{x}f(t)\mathrm{d}t=\int_{0}^{1}t\mathrm{d}t+\int_{1}^{2}(2-t)\mathrm{d}t=1$.

(2) $P\{0.2<X<1.2\}=\int_{0.2}^{1.2}f(x)\mathrm{d}x=\int_{0.2}^{1}x\mathrm{d}x+\int_{1}^{1.2}(2-x)\mathrm{d}x=0.66$.

或 $P\{0.2<X<1.2\}=F(1.2)-F(0.2)=0.66$.

4. **解** $P\{2<X<4\}=P\left\{\frac{2-2}{\sigma}<X<\frac{4-2}{\sigma}\right\}=\Phi\left(\frac{2}{\sigma}\right)-\Phi(0)=0.3$，所以 $\Phi\left(\frac{2}{\sigma}\right)=0.8$.则

$$P\{X<0\}=P\left\{\frac{X-2}{\sigma}<\frac{0-2}{\sigma}\right\}=\Phi\left(\frac{-2}{\sigma}\right)=1-\Phi\left(\frac{2}{\sigma}\right)=0.2.$$

5. **解** (1) 设螺栓的长度为 X，则取一螺栓为不合格品的概率为

$$\begin{aligned}p&=1-P\{10.05-0.12<X<10.05+0.12\}\\&=1-[\Phi((10.17-10.05)/0.06)-\Phi((10.05-0.12-10.05)/0.06)]\\&=1-\Phi(2)+\Phi(-2)=2-2\Phi(2)=0.0456.\end{aligned}$$

(2) 设 Y 为三件螺栓中不合格的个数，则 $Y\sim b(3,0.0456)$. 故

$$P(Y=1)=\mathrm{C}_3^1\times 0.0456\times(1-0.0456)^2=0.12.$$

6. **解** 某一电子管的寿命大于 1500h 的概率为

$$P\{X>1500\}=\int_{1500}^{+\infty}f(x)\mathrm{d}x=\int_{1500}^{+\infty}\frac{1000}{x^2}\mathrm{d}x=\frac{2}{3}.$$

在一大批这种电子管中任取 5 只，记 Y 为寿命大于 1500h 的电子管的个数，则 $Y\sim b\left(5,\frac{2}{3}\right)$，从而

$$P\{Y\geqslant 2\}=1-P\{Y=0\}-P\{Y=1\}=1-\left(\frac{1}{3}\right)^5-C_5^1\left(\frac{1}{3}\right)^4\left(\frac{2}{3}\right)=0.9547.$$

习题 2-3

一、1. $Y=X^2$ 的分布律为

X	0	1	4
p	$\frac{1}{4}$	$\frac{1}{2}$	$\frac{1}{4}$

$Y=2X+1$ 的分布律为

Y	-1	1	3	5
p	$\frac{1}{8}$	$\frac{1}{4}$	$\frac{3}{8}$	$\frac{1}{4}$

解 $Y=X^2$ 的所有可能取值为 0,1,4.

$P\{Y=0\}=P\{X=0\}=\frac{2}{8}$，　$P\{Y=1\}=P\{X^2=1\}=P\{X=1\}+P\{X=-1\}=\frac{4}{8}$，

$P\{Y=4\}=P\{X^2=4\}=P\{X=2\}=\frac{2}{8}$.

$Y=2X+1$ 的可能取值为 $-1,1,3,5$.

$$P\{Y=-1\}=P\{2X+1=-1\}=P\{X=-1\}=\frac{1}{8},$$

$$P\{Y=1\}=P\{2X+1=1\}=P\{X=0\}=\frac{2}{8},$$

$$P\{Y=3\}=P\{2X+1=3\}=P\{X=1\}=\frac{3}{8},$$

$$P\{Y=5\}=P\{2X+1=5\}=P\{X=2\}=\frac{2}{8}.$$

2. $f_Y(y)=\frac{1}{|a|}\frac{1}{\sqrt{2\pi}\sigma}\mathrm{e}^{-\frac{\left(\frac{y-b}{a}-\mu\right)^2}{2\sigma^2}}$，$f_Y(y)=\frac{1}{\sqrt{2\pi}}\mathrm{e}^{-\frac{y^2}{2}}$.

解 (1) X 的概率密度为 $f_X(x)=\frac{1}{\sqrt{2\pi}\sigma}\mathrm{e}^{-\frac{(x-\mu)^2}{2\sigma^2}}$，令 $y=g(x)=ax+b$，解得 $x=h(y)=\frac{y-b}{a}$，且 $h'(y)=\frac{1}{a}$. 由公式得 $Y=aX+b$ 的分布密度为 $f_Y(y)=\frac{1}{|a|}f_X\left(\frac{y-b}{a}\right)$，即

$$f_Y(y)=\frac{1}{|a|}\frac{1}{\sqrt{2\pi}\sigma}\mathrm{e}^{-\frac{\left(\frac{y-b}{a}-\mu\right)^2}{2\sigma^2}}.$$

(2) $Y\sim N(0,1)$，所以 $f_Y(y)=\frac{1}{\sqrt{2\pi}}\mathrm{e}^{-\frac{y^2}{2}}$.

3. $f(y)=\frac{2\cdot\mathrm{e}^y}{\pi(\mathrm{e}^{2y}+1)},\quad -\infty<y<+\infty.$

解 Y 的分布函数为

$$F(y)=P\{Y\leqslant y\}=P\{\ln X\leqslant y\}=P\{X\leqslant \mathrm{e}^y\}=\int_{-\infty}^{\mathrm{e}^y}f_X(x)\mathrm{d}x,$$

两边求导，则 Y 的概率密度为

$$f_Y(y)=\left(\int_{-\infty}^{\mathrm{e}^y}f(x)\mathrm{d}x\right)'=f(\mathrm{e}^y)\cdot\mathrm{e}^y=\frac{2\cdot\mathrm{e}^y}{\pi(\mathrm{e}^{2y}+1)},\quad \mathrm{e}^y>0,$$

即 Y 的概率密度为 $f_Y(y)=\frac{2\cdot\mathrm{e}^y}{\pi(\mathrm{e}^{2y}+1)},-\infty<y<+\infty.$

二、1. **解** 设圆的直径的长度为 $X(X\geqslant 0)$，则 $X\sim U(a,b)$，即分布密度 $f_X(x)=\begin{cases}\frac{1}{b-a}, & a\leqslant x\leqslant b,\\ 0, & \text{其他},\end{cases}$ 其面积 $Y=\frac{1}{4}\pi X^2$.

由 $Y=\frac{1}{4}\pi X^2$ 知 $Y\geqslant 0$，故当 $y<0$ 时，$F_Y(y)=P(Y\leqslant y)=P(\varnothing)=0$，即 $f_Y(y)=0$. 当 $y>0$ 时，有

$$F_Y(y)=P\{Y\leqslant y\}=P\left\{\frac{1}{4}\pi X^2\leqslant y\right\}=P\{0\leqslant X\leqslant\sqrt{4y/\pi}\}=\int_0^{\sqrt{4y/\pi}}f_X(x)\mathrm{d}x,$$

其概率密度为

$$\begin{aligned}f_Y(y)&=F_Y'(y)=f(\sqrt{4y/\pi})(\sqrt{4y/\pi})'\\&=\begin{cases}\frac{1}{\sqrt{\pi y}}\cdot\frac{1}{b-a}, & a^2<\frac{4y}{\pi}<b^2,\\ 0, & \text{其他}\end{cases}\\&=\begin{cases}\frac{1}{\sqrt{\pi y}}\cdot\frac{1}{b-a}, & \frac{\pi a^2}{4}<y<\frac{\pi b^2}{4},\\ 0, & \text{其他}.\end{cases}\end{aligned}$$

2. **解** (1) $X\sim N(0,1)$，其分布密度为 $f_X(x)=\frac{1}{\sqrt{2\pi}}\mathrm{e}^{-\frac{x^2}{2}}$.

由 $Y=2X^2+1$ 知 $Y\geqslant 1$，故当 $y<1$ 时，$F_Y(y)=P\{Y\leqslant y\}=P(\varnothing)=0$，即 $f_Y(y)=0$.

当 $y\geqslant 1$ 时，$F_Y(y)=P\{Y\leqslant y\}=P\{2X^2+1\leqslant y\}=P\{-\sqrt{(y-1)/2}\leqslant X\leqslant\sqrt{(y-1)/2}\}$

$$=\int_{-\sqrt{(y-1)/2}}^{\sqrt{(y-1)/2}}f_X(x)\mathrm{d}x.$$

其概率密度为

$$f_Y(y)=F_Y'(y)=f_X(\sqrt{(y-1)/2})(\sqrt{(y-1)/2})'-f_X(-\sqrt{(y-1)/2})(-\sqrt{(y-1)/2})'$$

$$=\frac{1}{\sqrt{2(y-1)}}(f_X(\sqrt{(y-1)/2})+f_X(-\sqrt{(y-1)/2})),$$

即

$$f_Y(y)=\begin{cases}\dfrac{1}{2\sqrt{\pi(y-1)}}\cdot e^{-\frac{y-1}{4}}, & y>1,\\ 0, & y\leqslant 1.\end{cases}$$

(2) 由 $Y=|X|$ 知 $Y\geqslant 0$，故当 $y<0$ 时，$F_Y(y)=P\{Y\leqslant y\}=P(\varnothing)=0$，从而 $f_Y(y)=0$.

当 $y\geqslant 0$ 时，有

$$F_Y(y)=P\{Y\leqslant y\}=P\{|X|\leqslant y\}=P\{-y\leqslant X\leqslant y\}=\int_{-y}^{y}f_X(x)\mathrm{d}x,$$

其概率密度为

$$f_Y(y)=F'_Y(y)=f_X(y)(y)'-f_X(-y)(-y)'=2f_X(y),$$

即

$$f_Y(y)=\begin{cases}\sqrt{2/\pi}\cdot e^{-\frac{y^2}{2}}, & y>0,\\ 0, & y\leqslant 0.\end{cases}$$

*3. **解** 由 $Y=X^2+1$ 知 $Y\geqslant 1$，故当 $y<1$ 时，$F_Y(y)=P\{Y\leqslant y\}=P(\varnothing)=0$，即 $f_Y(y)=0$. 当 $y\geqslant 1$ 时，有

$$\begin{aligned}F_Y(y)&=P\{Y\leqslant y\}=P\{X^2+1\leqslant y\}=P\{-\sqrt{y-1}\leqslant X\leqslant\sqrt{y-1}\}\\&=\int_{-\sqrt{y-1}}^{\sqrt{y-1}}f_X(x)\mathrm{d}x,\end{aligned}$$

其概率密度为

$$\begin{aligned}f_Y(y)&=F'_Y(y)=f_X(\sqrt{y-1})\left(\frac{1}{2\sqrt{y-1}}\right)-f_X(-\sqrt{y-1})\left(\frac{1}{-2\sqrt{y-1}}\right)\\&=\frac{1}{2\sqrt{y-1}}[f(\sqrt{y-1})+f(-\sqrt{y-1})]\\&=\begin{cases}\dfrac{1}{2\sqrt{y-1}}\cdot 2(1-\sqrt{y-1}), & 1\leqslant y\leqslant 2,\\ 0, & \text{其他}\end{cases}=\begin{cases}\dfrac{1-\sqrt{y-1}}{\sqrt{y-1}}, & 1\leqslant y\leqslant 2,\\ 0, & \text{其他}.\end{cases}\end{aligned}$$

4. **解** (1) 由概率密度函数的性质及已知条件，得

$$1=\int_{-\infty}^{+\infty}f(x)\mathrm{d}x=\int_1^3(ax+b)\mathrm{d}x=4a+2b,$$

$$\int_2^3(ax+b)\mathrm{d}x=2\int_1^2(ax+b)\mathrm{d}x,\text{ 即}\frac{5}{2}a+b=3a+2b,$$

从而得 $\begin{cases}4a+2b=1,\\ a+2b=0,\end{cases}$ 解得 $a=\dfrac{1}{3}, b=-\dfrac{1}{6}$.

(2) 由(1)知 $f(x)=\begin{cases}\dfrac{1}{3}x-\dfrac{1}{6}, & 1<x<3,\\ 0, & \text{其他},\end{cases}$ 则 X 的分布函数为 $F(x)=\int_{-\infty}^{x}f(t)\mathrm{d}t$.

当 $x<1$ 时，$F(x)=\int_{-\infty}^{x} f(t)\mathrm{d}t=\int_{-\infty}^{x} 0\mathrm{d}t=0$；

当 $1\leqslant x<3$ 时，$F(x)=\int_{1}^{x} f(t)\mathrm{d}t=\int_{1}^{x}\left(\frac{1}{3}t-\frac{1}{6}\right)\mathrm{d}t=\frac{1}{6}x^2-\frac{1}{6}x$；

当 $x\geqslant 3$ 时，$F(x)=\int_{1}^{3} f(t)\mathrm{d}t=\int_{1}^{3}\left(\frac{1}{3}t-\frac{1}{6}\right)\mathrm{d}t=1.$

所以 X 的分布函数为 $F(x)=\begin{cases}0, & x\leqslant 1,\\ \frac{1}{6}x^2-\frac{1}{6}x, & 1<x\leqslant 3,\\ 1, & x>3.\end{cases}$

5. **解** 设 X 为新生入学考试各科的成绩，由条件知 $X\sim N(72,\sigma^2)$，于是

$$0.023=P\{X\geqslant 96\}=P\left\{\frac{X-72}{\sigma}\geqslant\frac{24}{\sigma}\right\}=1-\Phi\left(\frac{24}{\sigma}\right),\quad 即\quad \Phi\left(\frac{24}{\sigma}\right)=0.977.$$

查表得 $\Phi(2)=0.9772$. 从而 $\frac{24}{\sigma}\approx 2$，即 $\sigma\approx 12$. 因此

$$P\{60\leqslant X\leqslant 84\}=P\left\{-1\leqslant\frac{X-72}{12}\leqslant 1\right\}=\Phi(1)-\Phi(-1)=0.6826.$$

6. **解** (1) $P\{X>9\}=\int_{9}^{+\infty} f(x)\mathrm{d}x=\int_{9}^{+\infty}\frac{1}{3}\mathrm{e}^{-\frac{x}{3}}\mathrm{d}x=-\mathrm{e}^{-\frac{x}{3}}\Big|_{9}^{+\infty}=\mathrm{e}^{-3}.$

(2) 由条件知，$Y\sim b(5,\mathrm{e}^{-3})$，所以 $P\{Y=0\}=(1-\mathrm{e}^{-3})^5$.

7. **证明** (1) $1=\int_{-\infty}^{+\infty} f(x)\mathrm{d}x=\int_{-\infty}^{0} f(x)\mathrm{d}x+\int_{0}^{+\infty} f(x)\mathrm{d}x=2\int_{-\infty}^{0} f(x)\mathrm{d}x$，所以 $F(0)=\int_{-\infty}^{0} f(x)\mathrm{d}x=\frac{1}{2}$.

(2) $P\{X>a\}=1-P\{X\leqslant a\}=1-\int_{-\infty}^{a} f(x)\mathrm{d}x=1-\left[\int_{-\infty}^{0} f(x)\mathrm{d}x+\int_{0}^{a} f(x)\mathrm{d}x\right]$

$$=1-\frac{1}{2}-\int_{0}^{a} f(x)\mathrm{d}x=\frac{1}{2}-\int_{0}^{a} f(x)\mathrm{d}x.$$

(3) $F(-a)+F(a)=\int_{-\infty}^{-a} f(x)\mathrm{d}x+\int_{-\infty}^{a} f(x)\mathrm{d}x=\int_{a}^{+\infty} f(x)\mathrm{d}x+\int_{-\infty}^{a} f(x)\mathrm{d}x=\int_{-\infty}^{+\infty} f(x)\mathrm{d}x=1$，所以 $F(-a)=1-F(a)$.

(4) $P\{|X|<a\}=P\{-a<X<a\}=F(a)-F(-a)=F(a)-[1-F(a)]=2F(a)-1$.

(5) $P\{|X|>a\}=1-P\{|X|\leqslant a\}=1-[2F(a)-1]=2[1-F(a)]$.

8. **解** 设 X 为一周5个工作日停用的天数，Y 为一周所创的利润，则 $X\sim b(5,0.2)$. 而一周所创利润 Y 是 X 的函数：

$$Y=\begin{cases}10, & X=0,\\ 7, & X=1,\\ 2, & X=2,\\ -2, & X\geqslant 3.\end{cases}$$

因此

$P\{Y=10\}=P\{X=0\}=0.8^5=0.328,\quad P\{Y=7\}=P\{X=1\}=5\times 0.2\times 0.8^4=0.410,$

$P\{Y=2\}=P\{X=2\}=10\times0.2^2\times0.8^3=0.205$，

$P\{Y=-2\}=P\{X\geqslant3\}=1-P\{X<3\}=0.057$.

于是，所创利润 Y 的概率分布为

Y	-2	2	7	10
p_k	0.057	0.205	0.410	0.328

自测题 2

一、1. 1.　2. $1,\frac{1}{2}$.　3. 0.2.　4. $\frac{2}{3}$.　5. $\frac{4}{5}$.

二、1. C.　2. B.　3. B.　4. D.　5. C.

三、1. **解**　设 X 表示抽取到合格品时的次数.

(1) 有放回情况下，X 的可能取值为 $1,2,\cdots$，其分布律为

$$P\{X=k\}=\left(\frac{3}{13}\right)^{k-1}\frac{10}{13},\quad k=1,2,\cdots.$$

(2) 无放回情况下，X 的可能取值为 $1,2,3,4$，其分布律为

$$P\{X=1\}=\frac{10}{13};\qquad P\{X=2\}=\frac{3}{13}\times\frac{10}{12}=\frac{5}{26};$$

$$P\{X=3\}=\frac{3}{13}\times\frac{2}{12}\times\frac{10}{11};\qquad P\{X=4\}=\frac{3}{13}\times\frac{2}{12}\times\frac{1}{11}\times\frac{10}{10}.$$

2. **解**　(1) 由 $\int_{-\infty}^{+\infty}f(x)\mathrm{d}x=1$，可得 $\int_{-\infty}^{0}A\mathrm{e}^{x}\mathrm{d}x+\int_{0}^{+\infty}A\mathrm{e}^{-x}\mathrm{d}x=1$，解得 $A=\frac{1}{2}$.

(2) $P\{0\leqslant X\leqslant1\}=\int_0^1\frac{1}{2}\mathrm{e}^{-x}\mathrm{d}x=\frac{1}{2}(1-\mathrm{e}^{-1})$.

(3) $$F(x)=\begin{cases}\int_{-\infty}^{x}f(x)\mathrm{d}x, & x\leqslant0,\\ \int_{-\infty}^{0}f(x)\mathrm{d}x+\int_{0}^{x}f(x)\mathrm{d}x, & x>0\end{cases}=\begin{cases}\frac{1}{2}\mathrm{e}^{x}, & x\leqslant0,\\ 1-\frac{1}{2}\mathrm{e}^{-x}, & x>0.\end{cases}$$

3. **解**　设 X 表示球的直径，则 $X\sim U(a,b)$，$f(x)=\begin{cases}\frac{1}{b-a}, & a\leqslant x\leqslant b,\\ 0, & \text{其他}.\end{cases}$ 体积 $V=\frac{4}{3}\pi\left(\frac{X}{2}\right)^3$，其分布函数为

$$F(V)=P\{V\leqslant v\}=P\left\{\frac{4}{3}\pi\left(\frac{X}{2}\right)^3\leqslant v\right\}=P\left\{X\leqslant\sqrt[3]{\frac{6v}{\pi}}\right\},$$

所以 V 的概率密度为

$$f(v)=F_V'(v)=\begin{cases}\frac{1}{b-a}\cdot\frac{1}{3}\sqrt[3]{\frac{6}{\pi v^2}}, & \frac{\pi a^3}{6}<v<\frac{\pi b^3}{6},\\ 0, & \text{其他}.\end{cases}$$

4. **解** 设车门的高度为 h，根据题意有 $P\{X>h\}\leqslant 0.01$，即 $P\{X\leqslant h\}>0.99$. 又

$$P\{X\leqslant h\}=P\left\{\frac{X-\mu}{\sigma}\leqslant\frac{h-\mu}{\sigma}\right\}=\Phi\left(\frac{h-\mu}{\sigma}\right)>0.99,$$

其中 $\mu=168,\sigma=7$. 查标准正态分布表知 $\frac{h-\mu}{\sigma}=2.33$，计算得 184.45，即车门高度在 184.45cm 的情况下男子与车门碰头的概率会在 0.01 以下.

5. **解** (1) 由分布函数的性质，$F(-\infty)=0,F(+\infty)=1$，于是可得 $A=\frac{1}{2},B=\frac{1}{\pi}$. 此时 $F(x)=\frac{1}{2}+\frac{1}{\pi}\arctan x$.

(2) $P\{-1<X<1\}=F(1)-F(-1)=\frac{1}{2}$.

(3) $f(x)=F'(x)=\frac{1}{\pi(1+x^2)},\quad -\infty<x<+\infty$.

第3章 多维随机变量及其分布

习题 3-1

一、1. **解** 有放回情形：

X \ Y	0	1
0	$\frac{9}{25}$	$\frac{6}{25}$
1	$\frac{6}{25}$	$\frac{4}{25}$

无放回情形：

X \ Y	0	1
0	$\frac{6}{20}$	$\frac{6}{20}$
1	$\frac{6}{20}$	$\frac{2}{20}$

2. **解** $F(x,y)=P\{X\leqslant x,Y\leqslant y\}=\int_{-\infty}^{x}\int_{-\infty}^{y}\frac{1}{\pi^2}\frac{1}{(1+u^2)(1+v^2)}\mathrm{d}u\mathrm{d}v$

$$=\frac{1}{\pi^2}\int_{-\infty}^{x}\frac{1}{1+u^2}\mathrm{d}u\int_{-\infty}^{y}\frac{1}{1+v^2}\mathrm{d}v=\frac{1}{\pi^2}\left(\arctan x+\frac{\pi}{2}\right)\left(\arctan y+\frac{\pi}{2}\right),$$

$$P\{0<X\leqslant 1,0<Y\leqslant 1\}=F(1,1)-F(0,1)-F(1,0)+F(0,0)=\frac{1}{16}.$$

3. **解** 由 $\int_{-\infty}^{+\infty}\int_{-\infty}^{+\infty}f(x,y)\mathrm{d}x\mathrm{d}y=1$ 知，$A\int_{0}^{\frac{\pi}{2}}\int_{0}^{\frac{\pi}{2}}\sin(x+y)\mathrm{d}x\mathrm{d}y=1$，可解出 $A=\frac{1}{2}$.

4. 0.6.

5.

X \ Y	0	0.5	1
0	$\frac{1}{3}$	0	0
1	0	$\frac{1}{12}$	$\frac{1}{6}$
2	$\frac{5}{12}$	0	0

二、1. **解** 由 $\int_{-\infty}^{+\infty}\int_{-\infty}^{+\infty}f(x,y)\mathrm{d}x\mathrm{d}y=1$ 知 $\int_{-1}^{1}\mathrm{d}x\int_{x^2}^{1}cx^2y\mathrm{d}y=1$，即 $\int_{-1}^{1}cx^2\mathrm{d}x\int_{x^2}^{1}y\mathrm{d}y=$ $\int_{-1}^{1}cx^2\ \frac{1}{2}(1-x^4)\mathrm{d}x=1$，所以 $c=\frac{21}{4}$.

2. **解** (1) $P\{X<1,Y<3\}=\int_{0}^{1}\int_{2}^{3}\frac{1}{8}(6-x-y)\mathrm{d}x\mathrm{d}y=\frac{3}{8}$.

(2) $P\{X+Y\leqslant 4\}=\int_{0}^{2}\int_{2}^{4-x}\frac{1}{8}(6-x-y)\mathrm{d}x\mathrm{d}y=\frac{2}{3}$.

(3) $P\{X\leqslant 1.5\}=\int_{0}^{1.5}\int_{2}^{4}\frac{1}{8}(6-x-y)\mathrm{d}x\mathrm{d}y=\frac{27}{32}$.

3. **解**

$$F(+\infty,+\infty)=\lim_{\substack{x\to+\infty\\y\to+\infty}}A\left(B+\arctan\frac{x}{2}\right)\left(C+\arctan\frac{y}{2}\right)=A\left(B+\frac{\pi}{2}\right)\left(C+\frac{\pi}{2}\right)=1,$$

$$F(+\infty,-\infty)=\lim_{\substack{x\to+\infty\\y\to-\infty}}A\left(B+\arctan\frac{x}{2}\right)\left(C+\arctan\frac{y}{2}\right)=A\left(B+\frac{\pi}{2}\right)\left(C-\frac{\pi}{2}\right)=0,$$

$$F(-\infty,+\infty)=\lim_{\substack{x\to-\infty\\y\to+\infty}}A\left(B+\arctan\frac{x}{2}\right)\left(C+\arctan\frac{y}{2}\right)=A\left(B-\frac{\pi}{2}\right)\left(C+\frac{\pi}{2}\right)=0.$$

所以 $A=\frac{1}{\pi^2},B=\frac{\pi}{2},C=\frac{\pi}{2}$.

*4. **解** (1) $A=4$.

(2) 当 $0\leqslant x<1,0\leqslant y<1$ 时，$F(x,y)=x^2y^2$；

当 $x\geqslant 1,0\leqslant y<1$ 时，$F(x,y)=\int_{0}^{1}4x\mathrm{d}x\int_{0}^{y}y\mathrm{d}y=y^2$；

同理，当 $0\leqslant x<1,y\geqslant 1$ 时，$F(x,y)=x^2$；

当 $x<0,y<0$ 时，$F(x,y)=0$；

当 $x\geqslant 1,y\geqslant 1$ 时，$F(x,y)=1$.

5. **解** （1）因为 $1=\int_{-\infty}^{+\infty}\int_{-\infty}^{+\infty}f(x,y)\mathrm{d}x\mathrm{d}y=\int_{0}^{+\infty}\int_{0}^{+\infty}C\mathrm{e}^{-(3x+4y)}\mathrm{d}x\mathrm{d}y$

$$=C\int_{0}^{+\infty}\mathrm{e}^{-3x}\mathrm{d}x\int_{0}^{+\infty}\mathrm{e}^{-4y}\mathrm{d}y=\frac{C}{12},$$

所以 $C=12$.

（2）(X,Y)的分布函数为 $F(x,y)$. 当 $x>0,y>0$ 时，有

$$F(x,y)=\int_{-\infty}^{x}\int_{-\infty}^{y}f(x,y)\mathrm{d}x\mathrm{d}y=\int_{0}^{x}\int_{0}^{y}12\mathrm{e}^{-(3x+4y)}\mathrm{d}x\mathrm{d}y$$

$$=(1-\mathrm{e}^{-3x})(1-\mathrm{e}^{-4y});$$

当其他情形时，有 $F(x,y)=0$. 所以

$$F(x,y)=\begin{cases}(1-\mathrm{e}^{-3x})(1-\mathrm{e}^{-4y}), & x>0,y>0,\\ 0, & \text{其他}.\end{cases}$$

（3）$P\{0<X\leqslant 1,0<Y\leqslant 2\}=F(1,2)-F(1,0)-F(0,2)+F(0,0)=(1-\mathrm{e}^{-3})(1-\mathrm{e}^{-8})$.

6. **解** $P\{X<Y\}=\iint\limits_{x<y}f(x,y)\mathrm{d}x\mathrm{d}y=\frac{1}{2\pi 10^2}\iint\limits_{x<y}\mathrm{e}^{-\frac{1}{2}\left(\frac{x^2}{10^2}+\frac{y^2}{10^2}\right)}\mathrm{d}x\mathrm{d}y$

$$=\frac{1}{2\pi 10^2}\int_{\frac{\pi}{4}}^{\frac{5\pi}{4}}\mathrm{d}\theta\int_{0}^{+\infty}\mathrm{e}^{-\frac{\rho^2}{2\times 10^2}}\rho\mathrm{d}\rho=\frac{1}{2}.$$

7. **解** （1）因为 $1=\int_{-\infty}^{+\infty}\int_{-\infty}^{+\infty}f(x,y)\mathrm{d}x\mathrm{d}y=\iint\limits_{x^2+y^2\leqslant R^2}C(R-\sqrt{x^2+y^2})\mathrm{d}x\mathrm{d}y$

$$=\int_{0}^{2\pi}\mathrm{d}\theta\int_{0}^{R}C(R-\rho)\rho\mathrm{d}\rho=\frac{1}{3}\pi R^3C,$$

所以 $C=\frac{3}{\pi R^3}$.

（2）当 $R=2$ 时，$f(x,y)=\begin{cases}\frac{3}{8\pi}(2-\sqrt{x^2+y^2}), & x^2+y^2\leqslant 2^2,\\ 0, & \text{其他}.\end{cases}$

所以

$$P\{X^2+Y^2\leqslant 1\}=\iint\limits_{x^2+y^2\leqslant 1}\frac{3}{8\pi}(2-\sqrt{x^2+y^2})\mathrm{d}x\mathrm{d}y=\frac{3}{8\pi}\int_{0}^{2\pi}\mathrm{d}\theta\int_{0}^{1}(2-\rho)\rho\mathrm{d}\rho=\frac{1}{2}.$$

习题 3-2

一、1. **解** $f_X(x)=\frac{1}{\sqrt{2\pi}\sigma_1}\mathrm{e}^{-\frac{(x-\mu_1)^2}{2\sigma_1^2}}$，$f_Y(y)=\frac{1}{\sqrt{2\pi}\sigma_2}\mathrm{e}^{-\frac{(y-\mu_2)^2}{2\sigma_2^2}}$.

2. **解**

X	0	1
p	$\frac{1}{3}$	$\frac{2}{3}$

Y	-1	0	1
p	$\frac{2}{12}$	$\frac{5}{12}$	$\frac{5}{12}$

$P\{X=0|Y=0\}=\dfrac{P\{X=0,Y=0\}}{P\{Y=0\}}=\dfrac{1}{5}$.

X	0	1
$P\{X=k\|Y=0\}$	$\frac{1}{5}$	$\frac{4}{5}$

3. **解** $F_X(x)=\begin{cases}1-\mathrm{e}^{-x}, & x>0,\\0, & \text{其他},\end{cases}$ $f(x,y)=\dfrac{\partial^2 F(x,y)}{\partial x\partial y}=\begin{cases}\mathrm{e}^{-(x+y)}, & x>0,y>0,\\0, & \text{其他}.\end{cases}$

二、1. C. 2. D.

三、1. **解** (1) $f_X(x)=\begin{cases}2x^2+\dfrac{2}{3}x, & 0\leqslant x\leqslant 1,\\0, & \text{其他},\end{cases}$ $f_Y(y)=\begin{cases}\dfrac{1}{3}\left(1+\dfrac{1}{2}y\right), & 0\leqslant y\leqslant 2,\\0, & \text{其他}.\end{cases}$

(2) $P\{X+Y>1\}=\int_0^1\int_{1-x}^2\left(x^2+\dfrac{1}{3}xy\right)\mathrm{d}x\,\mathrm{d}y=\dfrac{65}{72}$,

$P\{Y>X\}=\int_0^1\int_x^2\left(x^2+\dfrac{1}{3}xy\right)\mathrm{d}x\,\mathrm{d}y=\dfrac{17}{24}$,

$$P\left\{Y<\frac{1}{2}\middle|X<\frac{1}{2}\right\}=\frac{P\left\{X<\frac{1}{2},Y<\frac{1}{2}\right\}}{P\left\{X<\frac{1}{2}\right\}}=\frac{\int_0^{\frac{1}{2}}\int_0^{\frac{1}{2}}\left(x^2+\frac{1}{3}xy\right)\mathrm{d}x\,\mathrm{d}y}{\int_0^{\frac{1}{2}}\int_0^2\left(x^2+\frac{1}{3}xy\right)\mathrm{d}x\,\mathrm{d}y}=\frac{5}{32}.$$

2. **解** 所围区域为直角边分别为 1,2 的直角三角形,故其面积为 1,故 $f(x,y)=\begin{cases}1, & 0<x<1,0\leqslant y\leqslant 2(1-x),\\0, & \text{其他}.\end{cases}$

(1) $f(x)=\begin{cases}2(1-x), & 0<x<1,\\0, & \text{其他},\end{cases}$ $f(y)=\begin{cases}1-\dfrac{y}{2}, & 0<y<2,\\0, & \text{其他}.\end{cases}$

(2) $P\{Y<1\}=\int_0^1\mathrm{d}y\int_0^{1-\frac{y}{2}}\mathrm{d}x=\dfrac{3}{4}$.

3. **解** (1) $f_X(x)=\begin{cases}4x(1-x^2), & 0<x<1,\\0, & \text{其他},\end{cases}$ $f_Y(y)=\begin{cases}4y^3, & 0<y<1,\\0, & \text{其他}.\end{cases}$

(2) $P\{X+Y\leqslant 1\}=\int_0^{\frac{1}{2}}\mathrm{d}x\int_x^{1-x}8xy\,\mathrm{d}y=\int_0^{\frac{1}{2}}4x(1-2x)\mathrm{d}x=\dfrac{1}{6}$.

4. **解** 因为单位圆的面积为 π,故(X,Y)的联合概率密度为 $f(x,y)=\begin{cases}\dfrac{1}{\pi}, & x^2+y^2\leqslant 2x,\\0, & \text{其他},\end{cases}$ 所以,当 $0\leqslant x\leqslant 2$ 时,$f_X(x)=\int_{-\infty}^{+\infty}f(x,y)\mathrm{d}y=\int_{-\sqrt{2x-x^2}}^{\sqrt{2x-x^2}}\dfrac{1}{\pi}\mathrm{d}y=\dfrac{2}{\pi}\sqrt{2x-x^2}$.

因此

$$f_X(x)=\begin{cases}\dfrac{2}{\pi}\sqrt{2x-x^2}, & 0\leqslant x\leqslant 2,\\ 0, & \text{其他}.\end{cases}$$

同理，当$-1\leqslant y\leqslant 1$时，$f_Y(y)=\int_{-\infty}^{+\infty}f(x,y)\mathrm{d}x=\int_{1-\sqrt{1-y^2}}^{1+\sqrt{1-y^2}}\frac{1}{\pi}\mathrm{d}x=\frac{2}{\pi}\sqrt{1-y^2}$，因此

$$f_Y(y)=\begin{cases}\dfrac{2}{\pi}\sqrt{1-y^2}, & -1\leqslant y\leqslant 1,\\ 0, & \text{其他}.\end{cases}$$

习题 3-3

一、1. 当$\alpha=\dfrac{2}{9}$，$\beta=\dfrac{1}{9}$时，X与Y相互独立.

2. 独立.

3. $\dfrac{5}{9}$.

解 $P\{X=Y\}=P[\{X=Y=1\}\cup\{X=Y=2\}]$

$$=P\{X=Y=1\}+P\{X=Y=2\}$$

$$=P\{X=1\}\cdot P\{Y=1\}+P\{X=2\}\cdot P\{Y=2\}=\frac{5}{9}.$$

4. **解** (1) $\prod\limits_{i=1}^{n}\dfrac{1}{\sqrt{2\pi}\sigma}e^{-\frac{(x_i-\mu)^2}{2\sigma^2}}=(2\pi)^{-\frac{n}{2}}\sigma^{-n}\exp\left[-\dfrac{1}{2\sigma^2}\sum\limits_{i=1}^{n}(x_i-\mu)^2\right]$；

(2) $\prod\limits_{i=1}^{n}p^{x_i}(1-p)^{1-x_i}=p^{\sum x_i}(1-p)^{n-\sum x_i}$.

二、**解** 根据上节题有$f_X(x)=\begin{cases}4x(1-x^2), & 0<x<1,\\ 0, & \text{其他},\end{cases}$ $f_Y(y)=\begin{cases}4y^3, & 0<y<1,\\ 0, & \text{其他}.\end{cases}$

因为$f(x,y)\neq f_X(x)\cdot f_Y(y)$，所以$X$与$Y$不相互独立.

三、1. **解** $P\{X>1000,Y>1000\}=P\{X>1000\}\cdot P\{Y>1000\}=e^{-1}e^{-\frac{1}{2}}=e^{-\frac{3}{2}}$.

2. **解** 随机变量X与Y的分布密度函数为

$$f_X(x)=\begin{cases}1, & 0\leqslant x\leqslant 1,\\ 0, & \text{其他},\end{cases}\qquad f_Y(y)=\begin{cases}2e^{-2y}, & y>0,\\ 0, & \text{其他}.\end{cases}$$

所以(X,Y)的分布密度函数为$f(xy)=f_X(x)f_Y(y)$. 故

$$P\{4X^2-4Y\geqslant 0\}=\iint f_X(x)f_Y(y)\mathrm{d}x\mathrm{d}y=\int_0^1\mathrm{d}x\int_0^{x^2}2e^{-2y}\mathrm{d}y$$

$$=1-\int_0^1 e^{-\frac{x^2}{2}}\mathrm{d}x=1-\sqrt{2\pi}\int_0^1\frac{1}{\sqrt{2\pi}}e^{-\frac{x^2}{2}}\mathrm{d}x$$

$$=1-\sqrt{2\pi}(0.8413-0.5)=0.1445.$$

3. **解** (1) $F_X(x)=\lim\limits_{y\to+\infty}F(x,y)=1-e^{-0.5x}$，$F_Y(y)=\lim\limits_{x\to+\infty}F(x,y)=1-e^{-0.5y}$. 于

是 $F_X(x)F_Y(y)=F(x,y)$,所以 X 与 Y 相互独立.

(2) $P\{X>0.1,Y>0.1\}=P\{X>0.1\}P\{Y>0.1\}$

$$=[1-P\{X\leqslant 0.1\}][1-P\{Y\leqslant 0.1\}]$$

$$=[1-F_X(0.1)][1-F_Y(0.1)]=\mathrm{e}^{-0.1}.$$

习题 3-4

一、1. **解** (1) $P\{Z=0\}=\dfrac{25}{36},P\{Z=1\}=\dfrac{10}{36},P\{Z=2\}=\dfrac{1}{36}$;

(2) $P\{\mu=0\}=\dfrac{25}{36},P\{\mu=1\}=\dfrac{11}{36}$;

(3) $P\{v=0\}=\dfrac{35}{36},P\{v=1\}=\dfrac{1}{36}$.

2. $\sum\limits_{i=1}^{n}X_i\sim b(n,p)$.

二、1. **解** 当 $0\leqslant Z\leqslant 1$ 时,$f(z)=\int_{-\infty}^{+\infty}f_X(x)f(z-x)\mathrm{d}x=\int_0^z\mathrm{e}^{-(z-x)}\mathrm{d}x=1-\mathrm{e}^{-z}$;

当 $Z>1$ 时,$f(z)=\int_0^1\mathrm{e}^{-(z-x)}\mathrm{d}x=\mathrm{e}^{-z}(\mathrm{e}-1)$.

2. **证明** $P\{Z=i\}=P\{X+Y=i\}=\sum\limits_{k=0}^{i}P\{X=k\}\cdot P\{Y=i-k\}$

$$=\sum_{k=0}^{i}\frac{\lambda_1^k\mathrm{e}^{-\lambda_1}}{k!}\frac{\lambda_2^{i-k}\mathrm{e}^{-\lambda_2}}{(i-k)!}=\mathrm{e}^{-(\lambda_1+\lambda_2)}\sum_{k=0}^{i}\frac{i(i-1)\cdots(i-k+1)\lambda_1^k\lambda_2^{i-k}}{k!\ i!}$$

$$=\frac{(\lambda_1+\lambda_2)^i\mathrm{e}^{-(\lambda_1+\lambda_2)}}{i!}.$$

3. **解** $F_Z(z)=P\{Z\leqslant z\}=P\{X+2Y\leqslant z\}=\iint\limits_{x+2y\leqslant z}f(x,y)\mathrm{d}x\mathrm{d}y$

$$=\int_0^z\mathrm{e}^{-y}\mathrm{d}x\int_0^{\frac{z-x}{2}}2\mathrm{e}^{-2y}\mathrm{d}y=1-\mathrm{e}^{-z}-z\mathrm{e}^{-z}\ (z>0),$$

$$f_Z(z)=[F_Z(z)]'=\begin{cases}z\mathrm{e}^{-z}, & z>0,\\ 0, & z\leqslant 0.\end{cases}$$

4. **解** (X,Y)所有可能取值为$(0,3),(1,1),(2,1),(3,3)$,则由公式可得

$$P\{X=0,Y=3\}=\left(\frac{1}{2}\right)^3=\frac{1}{8},\quad P\{X=1,Y=1\}=\mathrm{C}_3^1\left(\frac{1}{2}\right)\left(\frac{1}{2}\right)^2=\frac{3}{8},$$

$$P\{X=2,Y=1\}=\mathrm{C}_3^2\left(\frac{1}{2}\right)^2\left(\frac{1}{2}\right)=\frac{3}{8},\quad P\{X=3,Y=3\}=\left(\frac{1}{2}\right)^3=\frac{1}{8}.$$

所以,(X,Y)的分布律为

X \ Y	1	3
0	0	$\frac{1}{8}$
1	$\frac{3}{8}$	0
2	$\frac{3}{8}$	0
3	0	$\frac{1}{8}$

5. **解** （1）当 $x>0$ 时，$f_X(x)=\int_{-\infty}^{+\infty}f(x,y)\mathrm{d}y=\int_{x}^{+\infty}\mathrm{e}^{-y}\mathrm{d}y=\mathrm{e}^{-x}$，所以，$f_X(x)=\begin{cases}\mathrm{e}^{-x}, & x>0,\\ 0, & \text{其他}.\end{cases}$同理，当 $y>0$ 时，$f_Y(y)=\int_{-\infty}^{+\infty}f(x,y)\mathrm{d}x=\int_{0}^{y}\mathrm{e}^{-y}\mathrm{d}x=y\mathrm{e}^{-y}$，所以，$f_Y(y)=\begin{cases}y\mathrm{e}^{-y}, & y>0,\\ 0, & \text{其他}.\end{cases}$

（2）因为 $f(x,y)\neq f_X(x)f_Y(y)$，所以 X 与 Y 不相互独立.

6. **解** 找出 Z 的所有可能取值，然后将相同的值进行合并，求出对应概率.

(X,Y)	$(-2,-1)$	$(-2,1)$	$(-2,2)$	$(-1,-1)$	$(-1,1)$	$(-1,2)$	$(0,-1)$	$(0,1)$	$(0,2)$
p	$\frac{1}{12}$	$\frac{2}{12}$	$\frac{2}{12}$	$\frac{1}{12}$	$\frac{1}{12}$	0	$\frac{2}{12}$	$\frac{1}{12}$	$\frac{2}{12}$
$Z=X+Y$	-3	-1	0	-2	0	1	-1	1	2

所以 $Z=X+Y$ 的分布律为

$Z=X+Y$	-3	-2	-1	0	1	2
p	$\frac{1}{12}$	$\frac{1}{12}$	$\frac{4}{12}$	$\frac{3}{12}$	$\frac{1}{12}$	$\frac{2}{12}$

7. **解** 因为 X 与 Y 相互独立，所以 $p_{ij}=p_i p_j$，因此联合分布为

X \ Y	2	4
1	0.18	0.12
3	0.42	0.28

于是

(X,Y)	(1,2)	(1,4)	(3,2)	(3,4)
p_{ij}	0.18	0.12	0.42	0.28
$Z=X+Y$	3	5	5	7

故

$Z=X+Y$	3	5	7
p	0.18	0.54	0.28

自测题 3

一、1. $\frac{1}{4}$. **解** 区域 D 的面积 $S_D=\int_1^{e^2}\frac{1}{x}dx=\ln x\Big|_1^{e^2}=2$，所以二维随机变量$(X,Y)$的联合概率密度为 $f(x,y)=\begin{cases}\frac{1}{2}, & (x,y)\in D,\\ 0, & 其他,\end{cases}$ 则(X,Y)关于 X 的边缘概率密度为

$$f_X(x)=\int_{-\infty}^{+\infty}f(x,y)dy=\int_0^{\frac{1}{x}}\frac{1}{2}dy=\frac{1}{2x},\quad f_X(x)\Big|_{x=2}=\frac{1}{4}.$$

2. $\frac{1}{4}$. **解** $P\{X+Y\leqslant 1\}=\iint\limits_{x+y\leqslant 1}f(x,y)dxdy=\int_0^{\frac{1}{2}}6xdx\int_x^{1-x}dy=\frac{1}{4}$.

3. $\frac{5}{16}$. **解** 由 X 和 Y 相互独立，有

$$P\{X+Y=1\}=P\{X=1,Y=0\}=P\{X=1\}\cdot P\{Y=0\}=\frac{5}{12}\times\frac{3}{4}=\frac{5}{16}.$$

4. $\frac{7}{16}$. **解** $P\left\{X\leqslant\frac{1}{2}\right\}=\iint\limits_{x\leqslant\frac{1}{2}}f(x,y)dxdy=\int_0^{\frac{1}{2}}dx\int_x^1 8xydy=\int_0^{\frac{1}{2}}4x(1-x^2)dx=\frac{7}{16}$.

5. $\frac{9}{35}$. **解** $P\{X=Y\}=P\{X=1,Y=1\}+P\{X=2,Y=2\}$

$$=\frac{C_3^1C_2^1C_2^2}{C_7^4}+\frac{C_3^2C_2^2}{C_7^4}=\frac{6}{35}+\frac{3}{35}=\frac{9}{35}.$$

二、1. B.

解 当 $0\leqslant x\leqslant 1$ 时，$f_X(x)=\int_{-\infty}^{+\infty}f(x,y)dy=\int_0^1 4xydy=2x$.

2. A.

解 由概率密度函数的性质，$\int_{-\infty}^{+\infty}\int_{-\infty}^{+\infty}f(x,y)dxdy=1$；由分布函数与概率密度的关系可知

$$F(x,y)=\int_{-\infty}^{x}\int_{-\infty}^{y}f(u,v)dudv,\quad F_X(x)=F(x,+\infty)=\int_{-\infty}^{x}\int_{-\infty}^{+\infty}f(u,v)dudv.$$

3. B.

解 $X+2Y\sim N(-1+2\times1,2+2^2\times3)$，即 $X+2Y\sim N(1,14)$.

4. B.

解 因为 $X+Y\sim N(1,2)$，$X-Y\sim N(-1,2)$，由正态分布的性质或者几何意义可得结论.

5. C.

解 由 X 与 Y 独立同分布知联合分布律 $P\{X=Y\}=0.5$.

三、1. **解** 由 $P\{X_1X_2=0\}=1$，可得 $P\{X_1X_2\neq0\}=0$，根据 $X_i(i=1,2)$ 的分布律可以得到 (X_1,X_2) 的分布律为

X_1 \ X_2	-1	0	1
-1	0	0.25	0
0	0.25	0	0.25
1	0	0.25	0

所以 $P\{X_1=X_2\}=0$.

2. **解** (1) 由性质 $\int_{-\infty}^{+\infty}\int_{-\infty}^{+\infty}f(x,y)\mathrm{d}x\mathrm{d}y=1$，可知 $\frac{A}{6}=1$，$A=6$.

(2) 边缘密度为 $f_X(x)=\int_{-\infty}^{+\infty}f(x,y)\mathrm{d}y=\begin{cases}2x, & 0<x<1,\\0, & 其他,\end{cases}$

$$f_Y(y)=\int_{-\infty}^{+\infty}f(x,y)\mathrm{d}x=\begin{cases}3y^2, & 0<y<1,\\0, & 其他.\end{cases}$$

显然，$f(x,y)=f_X(x)\cdot f_Y(y)$，故 X,Y 相互独立.

3. **解** (1) 因为

$$P\{X=x_i\}=\sum_{y_j=51}^{55}p\{X=x_i,Y=y_j\},\quad P\{Y=y_j\}=\sum_{x_i=51}^{55}p\{X=x_i,Y=y_j\},$$

可知其边缘分布律为

X	51	52	53	54	55
p_k	0.18	0.15	0.35	0.12	0.20

Y	51	52	53	54	55
p_k	0.28	0.28	0.22	0.09	0.13

(2) 因为条件分布律

$$P\{X=x_i|Y=51\}=P\{X=x_i,Y=51\}/P\{Y=51\},$$

所以，所求条件分布律为

x_i	51	52	53	54	55
$P\{X=x_i\|Y=51\}$	$\frac{6}{28}$	$\frac{7}{28}$	$\frac{5}{28}$	$\frac{5}{28}$	$\frac{5}{28}$

4. **解** (1) 由联合分布函数的性质知

$$F(+\infty,+\infty)=A\left(B+\frac{\pi}{2}\right)\left(C+\frac{\pi}{2}\right)=1,\quad F(-\infty,+\infty)=A\left(B-\frac{\pi}{2}\right)\left(C+\frac{\pi}{2}\right)=0,$$

$$F(+\infty,-\infty)=A\left(B+\frac{\pi}{2}\right)\left(C-\frac{\pi}{2}\right)=0,$$

得 $A=\frac{1}{\pi^2},B=\frac{\pi}{2},C=\frac{\pi}{2}$,故 $F(x,y)=\frac{1}{\pi^2}\left(\frac{\pi}{2}+\arctan x\right)\left(\frac{\pi}{2}+\arctan 2y\right)$.

(2) $F_X(x)=F(x,+\infty)=\frac{1}{\pi^2}\left(\frac{\pi}{2}+\arctan x\right)\pi=\frac{1}{2}+\frac{1}{\pi}\arctan x,-\infty<x<+\infty,$

$$F_Y(y)=F(+\infty,y)=\frac{1}{\pi^2}\cdot\pi\left(\frac{\pi}{2}+\arctan 2y\right)=\frac{1}{2}+\frac{1}{\pi}\arctan 2y,-\infty<y<+\infty.$$

由 $F(x,y)=F_X(x)\cdot F_Y(y)$,可知 X 与 Y 相互独立.

5. **解** 由 X,Y 相互独立,于是

$$f_{X,Y}(x,y)=f_X(x)f_Y(y)=\frac{1}{\sqrt{2\pi}}\mathrm{e}^{-\frac{x^2}{2}}\cdot\frac{1}{\sqrt{2\pi}}\mathrm{e}^{-\frac{y^2}{2}}=\frac{1}{2\pi}\mathrm{e}^{-\frac{1}{2}(x^2+y^2)},$$

$$P\{X^2+Y^2\leqslant 1\}=\iint_{D_1}f(x,y)\mathrm{d}x\mathrm{d}y=\iint_{\rho<1}\frac{1}{2\pi}\mathrm{e}^{-\frac{\rho^2}{2}}\rho\mathrm{d}\rho\mathrm{d}\theta$$

$$=\frac{1}{2\pi}\int_0^{2\pi}\mathrm{d}\theta\int_0^1\rho\mathrm{e}^{-\frac{\rho^2}{2}}\mathrm{d}\rho=1-\mathrm{e}^{-\frac{1}{2}},$$

$$P\{1\leqslant X^2+Y^2\leqslant 4\}=\iint_{D_2}f(x,y)\mathrm{d}x\mathrm{d}y=\iint_{1<\rho<2}\frac{1}{2\pi}\mathrm{e}^{-\frac{\rho^2}{2}}\rho\mathrm{d}\rho\mathrm{d}\theta$$

$$=\frac{1}{2\pi}\int_0^{2\pi}\mathrm{d}\theta\int_1^2\rho\mathrm{e}^{-\frac{\rho^2}{2}}\mathrm{d}\rho=\mathrm{e}^{-\frac{1}{2}}-\mathrm{e}^{-2},$$

$$P\{X^2+Y^2>4\}=1-P\{X^2+Y^2\leqslant 1\}-P\{1\leqslant X^2+Y^2\leqslant 4\}$$

$$=1-(1-\mathrm{e}^{-\frac{1}{2}})-(\mathrm{e}^{-\frac{1}{2}}-\mathrm{e}^{-2})=\mathrm{e}^{-2}.$$

故 Z 的分布律为

Z	0	1	2
p_k	e^{-2}	$\mathrm{e}^{-\frac{1}{2}}-\mathrm{e}^{-2}$	$1-\mathrm{e}^{-\frac{1}{2}}$

第4章　随机变量的数字特征

习题 4-1

一、1. **解** $E(X)=-2\times 0.4+0\times 0.3+2\times 0.3=-0.2,$

$E(X^2)=(-2)^2\times 0.4+0^2\times 0.3+2^2\times 0.3=2.8,$

$E(3X^2+5)=3E(X^2)+5=3\times 2.8+5=13.4.$

2. 解 $E(X)=1\times0.4+2\times0.2+3\times0.4=2$,

$E(Y)=-1\times0.3+0\times0.4+1\times0.3=0$,

$E(XY)=1\times(-1)\times0.2+2\times(-1)\times0.1+3\times(-1)\times0+1\times0\times0.1$
$+2\times0\times0+3\times0\times0.3+1\times1\times0.1+2\times1\times0.1+3\times1\times0.1=0.2.$

3. 解 $E(X^2)=\int_0^{\pi}x^2\cdot\frac{1}{\pi}\mathrm{d}x=\frac{\pi^2}{3};E(\sin X)=\int_0^{\pi}\sin x\cdot\frac{1}{\pi}\mathrm{d}x=\frac{2}{\pi}.$

4. 解 $X_1\sim\mathrm{Exp}(2),E(X_1)=\frac{1}{2},D(X_1)=\frac{1}{4};X_2\sim\mathrm{Exp}(4),E(X_2)=\frac{1}{4},D(X_2)=\frac{1}{16}.$

$E(2X_1+X_2)=2\times\frac{1}{2}+\frac{1}{4}=\frac{5}{4}$,

$E(X_1X_2)=E(X_1)\cdot E(X_2)=\frac{1}{2}\times\frac{1}{4}=\frac{1}{8}.$

5. 解 $X\sim b\left(20,\frac{1}{10}\right),E(X)=np=20\times\frac{1}{10}=2.$

二、A,C.

解 A 只有在 X 和 Y 相互独立时才成立,C 不正确.

三、1. 解 $E(X)=\int_{-\infty}^{+\infty}xf(x)\mathrm{d}x=\int_{-1}^{0}x(1+x)\mathrm{d}x+\int_0^1x(1-x)\mathrm{d}x=0$,

$E(X^2)=\int_{-\infty}^{+\infty}x^2f(x)\mathrm{d}x=\int_{-1}^{0}x^2(1+x)\mathrm{d}x+\int_0^1x^2(1-x)\mathrm{d}x=\frac{1}{6}.$

2. 解 $f(x)=\frac{1}{2}\mathrm{e}^{-|x|}=\begin{cases}\frac{1}{2}\mathrm{e}^{x}, & x\leqslant0,\\ \frac{1}{2}\mathrm{e}^{-x}, & x>0,\end{cases}$

$E(X)=\int_{-\infty}^{+\infty}xf(x)\mathrm{d}x=\int_{-\infty}^{0}x\cdot\frac{1}{2}\mathrm{e}^{x}\mathrm{d}x+\int_0^{+\infty}x\cdot\frac{1}{2}\mathrm{e}^{-x}\mathrm{d}x=0$,

$$E(X^2)=\int_{-\infty}^{+\infty}x^2f(x)\mathrm{d}x=\int_{-\infty}^{+\infty}x^2\cdot\frac{1}{2}\mathrm{e}^{-|x|}\mathrm{d}x=2\int_0^{+\infty}x^2\cdot\frac{1}{2}\mathrm{e}^{-x}\mathrm{d}x$$

$$=-\int_0^{+\infty}x^2\mathrm{d}\mathrm{e}^{-x}=-x^2\mathrm{e}^{-x}\Big|_0^{+\infty}+\int_0^{+\infty}\mathrm{e}^{-x}\mathrm{d}x^2$$

$$=0-2\int_0^{+\infty}x\mathrm{d}\mathrm{e}^{-x}=-2\left(x\mathrm{e}^{-x}\Big|_0^{+\infty}-\int_0^{+\infty}\mathrm{e}^{-x}\mathrm{d}x\right)=2.$$

3. 解 $f_X(x)=\int_{-\infty}^{+\infty}f(x,y)\mathrm{d}y=\begin{cases}2x, & 0<x<1,\\ 0, & 其他,\end{cases}$

$E(X)=\int_0^1x\cdot2x\mathrm{d}x=\frac{2}{3}x^2\Big|_0^1=\frac{2}{3}$,

$E(XY)=\int_0^1\mathrm{d}x\int_0^1xy\cdot4xy\mathrm{d}y=\int_0^1\frac{4}{3}x^2\mathrm{d}x=\frac{4}{9}.$

4. 解 $E(X)=\int_0^1\mathrm{d}x\int_0^xx\cdot12y^2\mathrm{d}y=\int_0^14x^4\mathrm{d}x=\frac{4}{5}$,

$E(Y)=\int_0^1\mathrm{d}x\int_0^xy\cdot12y^2\mathrm{d}y=\int_0^13x^4\mathrm{d}x=\frac{3}{5}.$

四、1. **解** $X\sim e(1), f(x)=\begin{cases}e^{-x}, & x>0,\\ 0, & 其他,\end{cases} E(X)=1.$

$$E(e^{-2X})=\int_0^{+\infty}e^{-2x}e^{-x}dx=\int_0^{+\infty}e^{-3x}dx=-\frac{1}{3}e^{-3x}\Big|_0^{+\infty}=\frac{1}{3}, E(X+e^{-2X})=1+\frac{1}{3}=\frac{4}{3}.$$

2. **解** 引入随机变量 $X_i=\begin{cases}0, & 第\,i\,站没有人下车,\\ 1, & 第\,i\,站有人下车,\end{cases}$ $i=1,2,\cdots,10$. 于是知 $X=X_1+X_2+\cdots+X_{10}$，现在求 $E(X)$.

按题意，任一乘客在第 i 站不下车的概率为 $\frac{9}{10}$，则 20 位乘客都不在第 i 站下车的概率为 $\left(\frac{9}{10}\right)^{20}$，在第 i 站有人下车的概率为 $1-\left(\frac{9}{10}\right)^{20}$，故

$$P\{X_i=0\}=\left(\frac{9}{10}\right)^{20}, P\{X_i=1\}=1-\left(\frac{9}{10}\right)^{20}, i=1,2,\cdots,10.$$

$$E(X_i)=1-\left(\frac{9}{10}\right)^{20}, i=1,2,\cdots,10,$$

$$E(X)=E(X_1+X_2+\cdots+X_{10})=E(X_1)+\cdots+E(X_{10})=10\left[1-\left(\frac{9}{10}\right)^{20}\right]=8.784.$$

3. **解** 设 Y 表示 10 件产品中次品个数，$i=1,2,\cdots,10$，则 $Y\sim b(10,0.1)$，$X\sim b(4,P\{Y>1\})$.

$P\{Y>1\}=1-P\{Y\leqslant 1\}=1-P\{Y=0\}-P\{Y=1\}=1-(0.9)^{10}-(0.9)^{9}\approx 0.264$,

$E(X)=np=4\times[1-(0.9)^{10}-(0.9)^{9}]\approx 1.056$.

4. **解** 设 X 表示设备寿命，$X\sim f(x)=\begin{cases}\frac{1}{4}e^{-\frac{1}{4}x}, & x>0,\\ 0, & 其他,\end{cases}$ Y 表示出售一台设备净赢利，则

Y	100	-200
p	$P\{X>1\}$	$P\{X<1\}$

$$P\{X>1\}=\int_1^{+\infty}\frac{1}{4}e^{-\frac{1}{4}x}dx=-e^{-\frac{1}{4}x}\Big|_1^{+\infty}=e^{-\frac{1}{4}}\approx 0.78,$$

$$P\{X<1\}=\int_0^{1}\frac{1}{4}e^{-\frac{1}{4}x}dx=-e^{-\frac{1}{4}x}\Big|_0^{1}=1-e^{-\frac{1}{4}}\approx 0.22,$$

$$E(Y)=100\times 0.78+0.22\times(-200)=34.$$

5. **解** 由题意知需求量 X 的概率密度函数为

$$f(x)=\begin{cases}\frac{1}{20}, & 10\leqslant x\leqslant 30,\\ 0, & 其他.\end{cases}$$

令 a 表示进货量，L 表示所获利润，L 与 X 和 a 的关系如下：

$$L=\begin{cases}500X-100(a-X), & 10\leqslant x<a,\\ 500a+300(X-a), & a\leqslant x\leqslant 30,\end{cases}$$

L 的数学期望为

$$E(L)=\frac{1}{20}\left[\int_{10}^{a}(600x-100a)\mathrm{d}x+\int_{a}^{30}(300x+200a)\mathrm{d}x\right]=-7.5a^2+350a+5250.$$

由题意，使 $-7.5a^2+350a+5250\geqslant 9280$，解得 $20\frac{2}{3}\leqslant a\leqslant 26$，故最少进货量为 21 个单位.

习题 4-2

一、1. **解** $X\sim b(1,0.2)$，$E(X)=p=0.2$，$D(X)=p(1-p)=0.2\times 0.8=0.16$.

2. **解** $X\sim\pi(5)$，$\lambda=5$，$E(X)=D(X)=5$，$E(X^2)=D(X)+(E(X))^2=30$，$E(X^2-1)=29$.

3. **解** $X\sim N(2,(\sqrt{3})^2)$，$E(X)=2$，$D(X)=3$，$E(X^2)=D(X)+(E(X))^2=7$.

4. **解** $E(X)+4=10$，$E(X)=6$. 又 $E(X^2+8X+16)=E(X^2)+8\times 6+16=116$，得 $E(X^2)=52$. 于是 $D(X)=E(X^2)-E^2(X)=52-6^2=16$.

5. **解** $X\sim U(0,1)$，$E(X)=\frac{a+b}{2}=\frac{1}{2}$，$D(X)=\frac{(b-a)^2}{12}=\frac{1}{12}$，

$Y\sim \mathrm{Exp}(1)$，$E(Y)=\theta=1$，$D(Y)=\theta^2=1$，$E(X+Y)=E(X)+E(Y)=\frac{3}{2}$，

$D(X-Y)=D(X)+D(Y)=\frac{1}{12}+1=\frac{13}{12}$.

6. **解** $X\sim b(10,0.4)$，$E(X)=10\times 0.4=4$，$D(X)=10\times 0.4\times 0.6=2.4$，$E(X^2)=D(X)+(E(X))^2=18.4$.

7. **解** 由于相互独立的服从正态分布的随机变量的线性组合仍然服从正态分布. $E(X-Y)=\mu_1-\mu_2$，$D(X-Y)=D(X)+D(Y)=\sigma_1^2+\sigma_2^2$，$X-Y\sim N(\mu_1-\mu_2,\sigma_1^2+\sigma_2^2)$.

8. **解** $X+Y\sim N(0+1,1+1)=N(1,2)$，$P\{X+Y\leqslant 1\}=\frac{1}{2}$.

9. **解** 由 $E(X-C)^2=D(X-C)+[E(X-C)]^2=D(X)+[E(X)-C]^2$，当 $C=E(X)$ 时，$E(X-C)^2$ 取最小值，其值为 $D(X)$.

10. **解** $E(Z)=E(2X-Y+3)=2E(X)-E(Y)+3=5$，

$D(Z)=D(2X-Y+3)=4D(X)+D(Y)=4\times 2+1=9$，

于是 $Z\sim N(5,9)$ 的概率密度为 $\frac{1}{3\sqrt{2\pi}}\mathrm{e}^{-\frac{(x-5)^2}{18}}$.

二、1. C，D.

解 在 X 和 Y 相互独立时，$D(X-Y)=D(X)+D(Y)$，A，B 选项错误.

2. D.

解 $D(3X-2Y)=9D(X)+4D(Y)=4\times 9+4\times 2=44$.

三、1. **解** $P\{X<0\}=\int_{-1}^{0}\frac{1}{3}\mathrm{d}x=\frac{1}{3}$，$P\{X=0\}=0$，$P\{X>0\}=\int_{0}^{2}\frac{1}{3}\mathrm{d}x=\frac{2}{3}$，则

Y	1	0	-1
p	$\frac{2}{3}$	0	$\frac{1}{3}$

$$E(Y)=-1\times\frac{1}{3}+0\times0+1\times\frac{2}{3}=\frac{1}{3},$$

$$E(Y^2)=(-1)^2\times\frac{1}{3}+0^2\times0+1^2\times\frac{2}{3}=1,$$

$$D(Y)=E(Y^2)-(EY)^2=\frac{8}{9}.$$

2. **解** $\int_0^1(a+bx^2)\mathrm{d}x=\left(ax+\frac{bx^3}{3}\right)\Big|_0^1=a+\frac{b}{3}=1,$

$$E(X)=\int_0^1x(a+bx^2)\mathrm{d}x=\left(\frac{1}{2}ax^2+\frac{bx^4}{4}\right)\Big|_0^1=\frac{1}{2}a+\frac{b}{4}=\frac{3}{5},$$

联立求解方程组得 $a=\frac{3}{5},b=\frac{6}{5}$,于是

$$E(X^2)=\int_0^1x^2\left(\frac{3}{5}+\frac{6}{5}x^2\right)\mathrm{d}x=\left(\frac{1}{5}x^3+\frac{6x^5}{25}\right)\Big|_0^1=\frac{11}{25},$$

$$D(X)=E(X^2)-(EX)^2=\frac{2}{25}.$$

3. **解** $D(XY)=E((XY)^2)-(E(XY))^2=E(X^2)E(Y^2)-(E(X))^2(E(Y))^2$

$$=[D(X)+(E(X))^2]\cdot[D(Y)+(E(Y))^2]-(E(X))^2(E(Y))^2$$
$$=D(X)D(Y)+(E(X))^2D(Y)+D(X)(E(Y))^2$$
$$+(E(X))^2(E(Y))^2-(E(X))^2(E(Y)^2)$$
$$=D(X)D(Y)+(E(X))^2D(Y)+D(X)(E(Y))^2.$$

4. **解** (1) 据题意知 $\int_{-a}^{a}\frac{b}{a}(a-|x|)\mathrm{d}x=1$,即

$$\int_{-a}^{a}\frac{b}{a}(a-|x|)\mathrm{d}x=\int_{-a}^{0}\frac{b}{a}(a+x)\mathrm{d}x+\int_{0}^{a}\frac{b}{a}(a-x)\mathrm{d}x=ab=1.$$

又

$$E(X)=\int_{-a}^{a}x\,\frac{b}{a}(a-|x|)\mathrm{d}x=0,\quad E(X^2)=\int_{-a}^{a}x^2\,\frac{b}{a}(a-|x|)\mathrm{d}x=\frac{1}{6}a^3b,$$

由已知条件知

$$D(X)=E(X^2)-[E(X)]^2=1=\frac{1}{6}a^3b,$$

可得 $a=\sqrt{6},b=\frac{1}{\sqrt{6}}$.

(2) $E(-2X^2+3)=-2E(X^2)+3=1.$

5. **解** 设100次独立重复试验中成功次数为随机变量 X,则成功次数 X 的标准差为 $\sqrt{D(X)}=\sqrt{100p(1-p)}$,而

$$100p(1-p)=-100\left(p^2-2\cdot p\cdot\frac{1}{2}+\frac{1}{4}\right)+100\times\frac{1}{4}=25-100\left(p-\frac{1}{2}\right)^2.$$

当 $p=\frac{1}{2}$ 时，$100p(1-p)$ 即 $\sqrt{D(X)}$ 的值最大，最大值为 $\sqrt{100\times\frac{1}{2}\times\left(1-\frac{1}{2}\right)}=\sqrt{25}=5$.

6. **解** 由题意，$E(X)=28\times0.1+29\times0.15+30\times0.5+31\times0.15+32\times0.1=30$，

$E(Y)=28\times0.13+29\times0.17+30\times0.4+31\times0.17+32\times0.13=30$，

$D(X)=(28-30)^2\times0.1+(29-30)^2\times0.15+(30-30)^2\times0.5+(31-30)^2\times0.15+(32-30)^2\times0.1=1.1$，

$D(Y)=(28-30)^2\times0.13+(29-30)^2\times0.17+(30-30)^2\times0.4+(31-30)^2\times0.17+(32-30)^2\times0.13=1.38$.

因为 $D(X)<D(Y)$，所以甲种棉花纤维长度的方差小些，说明其纤维比较均匀，故甲种棉花质量较好.

7. **解** 对任一事件 A，在一次试验中只有发生与不发生两种情况. 设 $P(A)=p>0$. X 表示 A 在一次试验中是否发生，则 $X=\begin{cases}1, & A\text{ 发生},\\ 0, & A\text{ 不发生},\end{cases}$ 于是

X	0	1
p_k	$1-p$	p

X^2	0	1
p_k	$1-p$	p

$$E(X)=0\times(1-p)+1\times p=p,\quad E(X^2)=0\times(1-p)+1\times p=p,$$

$$D(X)=E(X^2)-[E(X)]^2=p-p^2=p(1-p)=\left[\frac{1}{4}-\left(p-\frac{1}{2}\right)^2\right]\leqslant\frac{1}{4},$$

故可知 $D(X)\leqslant\frac{1}{4}$，即事件在一次试验中发生次数的方差不超过 $\frac{1}{4}$.

8. **解** 令 $Z=X-Y$，由于 X 和 Y 服从 $N\left(0,\left(\frac{1}{\sqrt{2}}\right)^2\right)$，且 X 与 Y 相互独立，故 Z 服从 $N(0,1)$. 因为

$$D(|X-Y|)=D(|Z|)=E(|Z|^2)-[E(|Z|)]^2=E(Z^2)-[E(|Z|)]^2,$$

而

$$E(Z^2)=D(Z)=1,$$

$$E(|Z|)=\int_{-\infty}^{+\infty}|z|\frac{1}{\sqrt{2\pi}}e^{-\frac{z^2}{2}}dz=\frac{2}{\sqrt{2\pi}}\int_0^{+\infty}ze^{-\frac{z^2}{2}}dz=\sqrt{\frac{2}{\pi}},$$

所以 $D(|X-Y|)=1-\frac{2}{\pi}$.

习题 4-3

一、1. **解** 由联合分布律，可得边缘分布律

X	1	2
p	$\frac{1}{3}$	$\frac{2}{3}$

Y	1	2
p	$\frac{1}{3}$	$\frac{2}{3}$

XY	1	2	4
p	0	$\frac{2}{3}$	$\frac{1}{3}$

则$E(X)=1\times\frac{1}{3}+2\times\frac{2}{3}=\frac{5}{3}=E(Y)$，$E(XY)=1\times 0+2\times\frac{2}{3}+4\times\frac{1}{3}=\frac{8}{3}$，

$\mathrm{Cov}(X,Y)=E(XY)-E(X)E(Y)=-\frac{1}{9}$，

$E(X^2)=1^2\times\frac{1}{3}+2^2\times\frac{2}{3}=3=E(Y^2)$，

$D(X)=E(X^2)-(E(X))^2=3-\frac{25}{9}=\frac{2}{9}=D(Y)$，$\sqrt{D(X)}=\sqrt{D(Y)}=\frac{\sqrt{2}}{3}$，

$\rho_{XY}=\frac{\mathrm{Cov}(X,Y)}{\sqrt{D(X)}\sqrt{D(Y)}}=-\frac{1}{2}$.

2. $E(X)=1$；$E(X^2)=D(X)+(E(X))^2=4+1=5$；$E(Y)=2$；$D(Y)=9$.

二、1. B,C.

解 如果$D(X+Y)=D(X)+D(Y)\Leftrightarrow\mathrm{Cov}(X,Y)=0\Leftrightarrow X$与$Y$不相关，所以选B.根据方差性质可以判定C选项正确.故选B,C.

2. B.

解 $E(XY)=E(X)E(Y)\Leftrightarrow\mathrm{Cov}(X,Y)=0\Leftrightarrow D(X+Y)=D(X)+D(Y)$，选B.

三、1. **解** $E(X)=\int_{-\infty}^{+\infty}\mathrm{d}y\int_{-\infty}^{+\infty}xf(x,y)\mathrm{d}x=\int_0^2\mathrm{d}y\int_0^2\frac{1}{8}(x^2+yx)\mathrm{d}x=\frac{7}{6}$，

$$E(X^2)=\int_{-\infty}^{+\infty}\mathrm{d}y\int_{-\infty}^{+\infty}x^2f(x,y)\mathrm{d}x=\int_0^2\mathrm{d}y\int_0^2\frac{1}{8}(x^3+yx^2)\mathrm{d}x=\frac{5}{3}.$$

由于对称性可知$E(Y)=E(X)=\frac{7}{6}$，$E(Y^2)=E(X^2)=\frac{5}{3}$.

又$E(XY)=\int_{-\infty}^{+\infty}\mathrm{d}y\int_{-\infty}^{+\infty}xyf(x,y)\mathrm{d}x=\int_0^2\mathrm{d}y\int_0^2\frac{1}{8}(x^2y+x^2y)\mathrm{d}x=\frac{4}{3}$，故由协方差的计算公式得到$\mathrm{Cov}(X,Y)=E(XY)-E(X)E(Y)=-\frac{1}{36}$.

因为$D(X)=E(X^2)-[E(X)]^2=\frac{11}{36}$，而由于对称性得$D(Y)=D(X)=\frac{11}{36}$，则

$$\rho_{XY}=\frac{\mathrm{Cov}(X,Y)}{\sqrt{D(X)D(Y)}}=-\frac{1}{11}.$$

$$D(X+Y)=D(X)+D(Y)+2\mathrm{Cov}(X,Y)=\frac{5}{9}.$$

2. **解** $\mathrm{Cov}(X,|X|)=E(X\cdot|X|)-E(X)E(|X|)$，又

$$E(X\cdot|X|)=\int_{-\infty}^{+\infty}\frac{1}{2}x|x|\mathrm{e}^{-|x|}\mathrm{d}x=0,$$

$$E(X)=\int_{-\infty}^{+\infty}\frac{1}{2}x\mathrm{e}^{-|x|}\mathrm{d}x=0,\text{（被积函数为奇函数）}$$

因而$\mathrm{Cov}(X,|X|)=0$，所以X与$|X|$不相关.

3. **解** $\mathrm{Cov}(\xi,\eta)=E(\xi\eta)-E(\xi)E(\eta)$

$$=E[(aX+bY)(aX-bY)]-E(aX+bY)E(aX-bY)$$
$$=E[a^2X^2-b^2Y^2]-(aE(X)+bE(Y))(aE(X)-bE(Y))$$
$$=a^2E(X^2)-b^2E(Y^2)-a^2[E(X)]^2+b^2[E(Y)]^2$$
$$=a^2D(X)-b^2D(Y)=(a^2-b^2)\sigma^2,$$

$$\sqrt{D(\xi)\cdot D(\eta)}=\sqrt{D(aX+bY)D(aX-bY)}$$
$$=\sqrt{[a^2D(X)+b^2D(Y)][a^2D(X)+b^2D(Y)]}$$
$$=a^2D(X)+b^2D(Y)=(a^2+b^2)\sigma^2,$$

故
$$\rho_{\xi\eta}=\frac{a^2-b^2}{a^2+b^2}.$$

4. **解** $\mathrm{Cov}(X,Y)=\mathrm{Cov}(X,aX+b)=a\mathrm{Cov}(X,X)=aD(X)$,

$D(Y)=D(aX+b)=a^2D(X)$,

$$\rho_{XY}=\frac{\mathrm{Cov}(X,Y)}{\sqrt{D(X)}\sqrt{D(Y)}}=\frac{aD(X)}{\sqrt{D(X)}\sqrt{a^2D(X)}}=\frac{a}{|a|}=\begin{cases}1, & a>0,\\ -1, & a<0.\end{cases}$$

自测题 4

一、1. 10.

解 $E(3X^2-2)=3E(X^2)-2=3\{D(X)+[E(X)]^2\}-2=3[3+(-1)^2]-2=10.$

2. $2\mathrm{e}^2$.

解 标准正态分布的密度函数为

$$f(x)=\frac{1}{\sqrt{2\pi}}\mathrm{e}^{-\frac{x^2}{2}},\quad -\infty<x<+\infty,$$

所以
$$E(X\mathrm{e}^{2X})=\int_{-\infty}^{+\infty}x\mathrm{e}^{2x}\frac{1}{\sqrt{2\pi}}\mathrm{e}^{-\frac{x^2}{2}}\mathrm{d}x=\int_{-\infty}^{+\infty}x\frac{1}{\sqrt{2\pi}}\mathrm{e}^{-\frac{x^2}{2}+2x}\mathrm{d}x$$
$$=\int_{-\infty}^{+\infty}x\frac{1}{\sqrt{2\pi}}\mathrm{e}^{-\frac{(x-2)^2}{2}+2}\mathrm{d}x=\mathrm{e}^2\int_{-\infty}^{+\infty}x\frac{1}{\sqrt{2\pi}}\mathrm{e}^{-\frac{(x-2)^2}{2}}\mathrm{d}x=2\mathrm{e}^2.$$

3. $\frac{1}{\mathrm{e}}$.

解 由题设,知 $D(X)=\theta^2$,于是

$$P\{X>\sqrt{D(X)}\}=P\{X>\theta\}=\int_{\theta}^{+\infty}\frac{1}{\theta}\mathrm{e}^{-\frac{x}{\theta}}\mathrm{d}x=-\mathrm{e}^{-\frac{x}{\theta}}\Big|_{\theta}^{+\infty}=\frac{1}{\mathrm{e}}.$$

4. 18.4.

解 由题意得到 $X\sim b(10,0.4)$,于是 $E(X)=10\times0.4=4$,$D(X)=10\times0.4\times(1-0.4)=2.4$. 由 $D(X)=E(X^2)-[E(X)]^2$,推得 $E(X^2)=D(X)+[E(X)]^2=2.4+4^2=18.4$.

5. 6.

解 $E(X+Y)^2=E(X^2)+2E(XY)+E(Y^2)=4+2[\mathrm{Cov}(X,Y)+E(X)\cdot E(Y)]$

$$=4+2[\rho_{XY}\cdot\sqrt{D(X)}\cdot\sqrt{D(Y)}]=4+2\times0.5\times2=6.$$

二、1. C.

解 因为 $X\sim b(16,0.5)$,所以 $D(X)=npq=16\times0.5\times0.5=4$. 而 $Y\sim\pi(9)$,$D(Y)=\lambda=9$,于是 $D(X-2Y+1)=D(X)+4D(Y)=4+4\times9=40$.

2. B.

解 因为 $\sum_k p_k=1$,即 $\frac{1}{4}+p+\frac{1}{4}=1$,故 $p=\frac{1}{2}$. 又 $E(X)=\sum_k x_k p_k=(-2)\times\frac{1}{4}+1\times\frac{1}{2}+x\cdot\frac{1}{4}=1$, 所以 $x=4$.

3. A.

解 $E(X)=\frac{1}{3}$,$E(Y)=\frac{1}{3}$,$E(XY)=0$,则 $\mathrm{Cov}(X,Y)=E(XY)-E(X)\cdot E(Y)=-\frac{1}{9}$.

4. C.

解 由方差的性质知 $D(X-Y)=D(X)+D(Y)-2\mathrm{Cov}(X,Y)$.

5. D.

解 因为 $X\sim b\left(10,\frac{1}{2}\right)$,则 $E(X)=5$,$D(X)=2.5$. 而 $Y\sim N(2,10)$,则 $E(X)=2$,$D(Y)=10$. 所以

$$\rho_{XY}=\frac{\mathrm{Cov}(X,Y)}{\sqrt{D(X)}\sqrt{D(Y)}}=\frac{E(XY)-E(X)\cdot E(Y)}{\sqrt{D(X)}\sqrt{D(Y)}}=\frac{14-5\times2}{\sqrt{2.5}\sqrt{10}}=0.8.$$

三、1. **解** (1) 因为 $\sum_i\sum_j p_{ij}=1$,所以 $\alpha+\beta+0.6=1$,即 $\alpha+\beta=0.4$. 又 $E(Y)=1$,即 $(\alpha+0.2)\times1+(\beta+0.1)\times2=1$,化简得 $\alpha+2\beta=0.6$,所以 $\alpha=\beta=0.2$.

(2) $E(XY)=\sum_i\sum_j x_i y_j p_{ij}=1\times0.2+2\times0.2=0.6$.

(3) $E(X)=\sum_i\sum_j x_i p_{ij}=1\times0.6=0.6$.

2. **解** 因为 X,Y 相互独立,故利用数学期望性质可得

$$E(XY)=E(X)\cdot E(Y)=\int_0^1 x\cdot2x\,\mathrm{d}x\int_5^{+\infty}y\mathrm{e}^{-(y-5)}\,\mathrm{d}y=\frac{2}{3}\times6=4.$$

3. **解** 以 X 表示一周 5 天内机器发生故障的天数,则 $X\sim b(5,0.2)$.

$P\{X=0\}=0.8^5=0.328$, $P\{X=1\}=\mathrm{C}_5^1\times0.2\times0.8^4=0.410$,

$P\{X=2\}=\mathrm{C}_5^2\times0.2^2\times0.8^3=0.205$,

$P\{X\geqslant3\}=1-P\{X=0\}-P\{X=1\}-P\{X=2\}=0.057$.

列表如下：

Y	10	5	0	-2
p	0.328	0.410	0.205	0.057

于是 $E(Y)=10\times0.328+5\times0.410+0\times0.205-2\times0.057=5.216$.

4. **解** $E(X)=\int_{-\infty}^{+\infty}\int_{-\infty}^{+\infty}x\mathrm{e}^{-(x+y)}\,\mathrm{d}x\mathrm{d}y=\int_0^{+\infty}x\mathrm{e}^{-x}\,\mathrm{d}x\int_0^{+\infty}\mathrm{e}^{-y}\,\mathrm{d}y=1$,

$$E(XY)=\int_{-\infty}^{+\infty}\int_{-\infty}^{+\infty}xy\mathrm{e}^{-(x+y)}\,\mathrm{d}x\mathrm{d}y=\int_0^{+\infty}x\mathrm{e}^{-x}\,\mathrm{d}x\int_0^{+\infty}y\mathrm{e}^{-y}\,\mathrm{d}y=1.$$

5. **解** 设 Z 表示商品每周所得的利润，则

$$Z=\begin{cases}1000Y, & Y\leqslant X,\\ 1000X+500(Y-X)=500(X+Y), & Y>X.\end{cases}$$

由于 X 与 Y 的联合概率密度为

$$f(x,y)=\begin{cases}\dfrac{1}{100}, & 10\leqslant x\leqslant 20, 10\leqslant y\leqslant 20,\\ 0, & 其他,\end{cases}$$

则
$$\begin{aligned}E(Z)&=\iint\limits_{D_1}1000y\cdot\frac{1}{100}\mathrm{d}x\mathrm{d}y+\iint\limits_{D_2}500(x+y)\frac{1}{100}\mathrm{d}x\mathrm{d}y\\&=10\int_{10}^{20}\mathrm{d}y\int_{y}^{20}y\mathrm{d}x+5\int_{10}^{20}\mathrm{d}y\int_{10}^{y}(x+y)\mathrm{d}x\\&=10\int_{10}^{20}y(20-y)\mathrm{d}y+5\int_{10}^{20}\left(\frac{3}{2}y^2-10y-50\right)\mathrm{d}y\\&=\frac{20000}{3}+5\times 1500\approx 14166.67(元).\end{aligned}$$

第5章 大数定律及中心极限定理

习题5

一、1. $\dfrac{8}{9}$. 2. B. 3. $\Phi\left(\dfrac{20}{\sqrt{475}}\right)$.

二、**解** 设掷骰子次数最小为 n，X 表示出现6点向上的次数，则 $X\sim b\left(n,\dfrac{1}{6}\right)$，由题知当 n 充分大时，有

$$P\left\{\left|\frac{X}{n}-\frac{1}{6}\right|<0.01\right\}=P\left\{\left|\frac{X/n-p}{\sqrt{p(1-p)}/\sqrt{n}}\right|<\frac{0.01}{\sqrt{p(1-p)}/\sqrt{n}}\right\}\geqslant 0.95,$$

其中 $p=\dfrac{1}{6}$. 根据中心极限定理，有

$$\Phi\left(\frac{0.01}{\sqrt{p(1-p)}/\sqrt{n}}\right)-\Phi\left(-\frac{0.01}{\sqrt{p(1-p)}/\sqrt{n}}\right)\geqslant 0.95,$$

可得
$$2\Phi\left(\frac{0.01}{\sqrt{p(1-p)}/\sqrt{n}}\right)-1\geqslant 0.95,$$

于是
$$\Phi\left(\frac{0.01}{\sqrt{p(1-p)}/\sqrt{n}}\right)\geqslant 0.975,\qquad 故\frac{0.01}{\sqrt{p(1-p)}/\sqrt{n}}\geqslant 1.96.$$

解得 $n\geqslant 5335.6$，所以掷骰子的次数至少为5336.

三、**解** 设 n 为分机数，p 为分机使用外线的概率，X 表示使用外线的分机数，需要的外线数为 k，由题知 $X\sim b(n,p)$，$n=200$，$p=0.05$，故 $X\sim N(np,np(1-p))$，于是

$$P\{X\leqslant k\}=P\left\{\frac{X-np}{\sqrt{np(1-p)}}\leqslant\frac{k-np}{\sqrt{np(1-p)}}\right\}\geqslant 0.9,$$

根据中心极限定理知

$$\Phi\left(\frac{k-np}{\sqrt{np(1-p)}}\right)\geqslant 0.90,$$

故$\dfrac{k-np}{\sqrt{np(1-p)}}\geqslant 1.285, k\geqslant 1.285\sqrt{np(1-p)}+np=13.9606$. 所以至少需要 14 条外线.

四、解 $X\sim b(1000,5\%)$, $np=50$, $np(1-p)=47.5$. 由于 $n=1000$ 比较大,故 $X\sim N(50,47.5)$.

(1) $$P\{40<X\leqslant 1000\}=1-\Phi\left(\frac{40-50}{\sqrt{47.5}}\right)\approx 0.9265;$$

(2) $$P\{40<X<60\}=\Phi\left(\frac{60-50}{\sqrt{47.5}}\right)-\Phi\left(\frac{40-50}{\sqrt{47.5}}\right)\approx 0.872.$$

五、解 对每台车床的观察作为一次试验,每次试验观察该台车床在某时刻是否工作,工作的概率为 0.6,共进行 200 次试验. 用 X 表示在某时刻工作着的车床数,则 $X\sim b(200, 0.6)$.

问题是求满足 $P\{1\cdot X\leqslant N\}\geqslant 0.999$ 的最小 N. 由中心极限定理知,$\dfrac{X-np}{\sqrt{np(1-p)}}$近似服从 $N(0,1)$,其中 $np=200\times 0.6=120$, $np(1-p)=200\times 0.6\times(1-0.6)=48$. 于是

$$P\{X\leqslant N\}=P\left\{\frac{X-120}{\sqrt{48}}\leqslant\frac{N-120}{\sqrt{48}}\right\}\approx\Phi\left(\frac{N-120}{\sqrt{48}}\right).$$

由 $\Phi\left(\dfrac{N-120}{\sqrt{48}}\right)\geqslant 0.99$,且查标准正态分布表得 $\Phi(3.1)=0.999$,故 $\dfrac{N-120}{\sqrt{48}}\geqslant 3.1$,解得 $N\geqslant 141.5$,于是 $N=142$. 因此,供应 142kW 电力就能以 99.9%的概率保证该车间不会因供电不足而影响生产.

六、证明 由于 $X_i^2(i=1,2,\cdots)$的期望为 $E(X_i^2)=D(X_i)+[E(X_i)]^2=\sigma^2$,令 X_i^2 的方差为δ^2,则 $\delta^2=D(X_i^2)=E(X_i^4)-[E(X_i^2)]^2=E(X_i^4)-\sigma^4$. 由于 $X_i^2(i=1,2,\cdots)$仍相互独立,故 $\dfrac{1}{n}\sum\limits_{i=1}^{n}X_i^2$ 的期望和方差分别为

$$E\left(\frac{1}{n}\sum_{i=1}^{n}X_i^2\right)=\sigma^2,\quad D\left(\frac{1}{n}\sum_{i=1}^{n}X_i^2\right)=\frac{\delta^2}{n}.$$

对 $\dfrac{1}{n}\sum\limits_{i=1}^{n}X_i^2$ 应用切比雪夫不等式得

$$1\geqslant P\left\{\left|\frac{1}{n}\sum_{i=1}^{n}X_i^2-\sigma^2\right|<\varepsilon\right\}\geqslant 1-\frac{\frac{\delta^2}{n}}{\varepsilon^2}.$$

当 $n\to\infty$时,由极限的夹逼准则知

$$\lim_{n\to\infty}P\left\{\left|\frac{1}{n}\sum_{i=1}^{n}X_i^2-\sigma^2\right|<\varepsilon\right\}=1.$$

第6章 样本及抽样分布

习题6

一、1. $N(0,1),\chi^2(1),\chi^2(n);t(n-1)$.

2. 因为总体$N(\mu,\sigma^2)$，则$\dfrac{(n-1)S^2}{\sigma^2}\sim\chi^2(n-1)$，据题意知$n=26$，

$$P\left\{\frac{S^2}{\sigma^2}\leqslant 1.77256\right\}=P\left\{\frac{(26-1)S^2}{\sigma^2}\leqslant(26-1)\times 1.77256\right\}=P\left\{\frac{(26-1)S^2}{\sigma^2}\leqslant 44.314\right\}$$

$$=1-P\left\{\frac{(26-1)S^2}{\sigma^2}>44.314\right\},$$

查表知$P\{\chi^2(25)>44.314\}=0.01$，所以$P\left\{\dfrac{S^2}{\sigma^2}\leqslant 1.77256\right\}=0.99$.

3. 查表$F_{0.1}(10,12)=2.19;F_{0.9}(28,3)=0.437$. $\left(注：F_{1-\alpha}(n_1,n_2)=\dfrac{1}{F_\alpha(n_2,n_1)}.\right)$

4. $N\left(0,\left(\dfrac{1}{10}+\dfrac{1}{15}\right)9\right);0.744$.

因为$X\sim N(20,3^2)$，则$\overline{X_1}\sim N\left(20,\dfrac{3^2}{10}\right)$，$\overline{X_2}\sim N\left(20,\dfrac{3^2}{15}\right)$，可得$\overline{X_1}-\overline{X_2}\sim N\left(0,\dfrac{3^2}{10}+\dfrac{3^2}{15}\right)$.

5. $X^2\sim F(1,n)$.

6. $F(2,2)$.

二、1. A,C,E. 2. B,C. 3. D. 4. C. 5. A,B. 6. B.

三、解 $\sum\limits_{i=1}^{9}X_i\Big/\sqrt{\sum\limits_{i=1}^{9}Y_i^2}\sim t(9)$. 因为$X\sim N(0,3^2)$，可得$\dfrac{1}{9}\sum\limits_{i=1}^{9}X_i\sim N(0,1)$；因为$Y\sim N(0,3^2)$，可得$\dfrac{1}{3}Y_i\sim N(0,1)$，$\dfrac{1}{9}\sum\limits_{i=1}^{9}Y_i^2\sim\chi^2(9)$，则$\dfrac{\frac{1}{9}\sum\limits_{i=1}^{9}X_i}{\sqrt{\frac{1}{9}\sum\limits_{i=1}^{9}Y_i^2\Big/9}}=\dfrac{\sum\limits_{i=1}^{9}X_i}{\sqrt{\sum\limits_{i=1}^{9}Y_i^2}}\sim t(9)$.

*四、解 $\left(\dfrac{X_{n+1}-\overline{X}}{\sqrt{[(n-1)/n]}\sigma}\right)\Big/\left(\sqrt{\dfrac{nS_n^2}{\sigma^2}\Big/(n-1)}\right)\sim t(n-1)$. 因为$X\sim N(\mu,\sigma^2)$，可得$\overline{X}=\dfrac{1}{n}\sum\limits_{i=1}^{n}X_i\sim N\left(\mu,\dfrac{\sigma^2}{n}\right)$，

$$X_{n+1}-\overline{X}\sim N\left(0,\frac{(n+1)\sigma^2}{n}\right),\quad \frac{X_{n+1}-\overline{X}}{\sqrt{\frac{n+1}{n}}\sigma}\sim N(0,1);$$

又因为 $S_n^2=\frac{1}{n}\sum_{i=1}^{n}(X_i-\overline{X})^2$，可得$\frac{n(n-1)S_n^2}{(n-1)\sigma^2}\sim\chi^2(n-1)$，

$$\frac{\dfrac{X_{n+1}-\overline{X}}{\sqrt{\frac{n+1}{n}}\sigma}}{\sqrt{\dfrac{\frac{n(n-1)S_n^2}{(n-1)\sigma^2}}{n-1}}}=\frac{X_{n+1}-\overline{X}}{S_n}\sqrt{\frac{n-1}{n+1}}\sim t(n-1).$$

五、**证明**　$\overline{X}$ 与 S^2 相互独立，所以 $\overline{X}$ 与 S^4 相互独立，可得

$$E[(S^2\overline{X})^2]=E(\overline{X}^2)E(S^4)=\{D(\overline{X})+[E(\overline{X})]^2\}\{D(S^2)+[E(S^2)]^2\}.$$

又由于 $\overline{X}\sim N\left(\mu,\frac{\sigma^2}{n}\right)$并且$Y=\frac{(n-1)S^2}{\sigma^2}\sim\chi^2(n-1)$，进而 $E\left[\frac{(n-1)S^2}{\sigma^2}\right]=n-1$，所以 $E[S^2]=\sigma^2$，于是 $D[S^2]=D\left(\frac{\sigma^2}{n-1}Y\right)=\frac{\sigma^4}{(n-1)^2}D(Y)=\frac{\sigma^4}{(n-1)^2}\cdot 2(n-1)=\frac{2\sigma^4}{n-1}$，代入要证明的式子得 $E[(S^2\overline{X})^2]=\left(\frac{\sigma^2}{n}+\mu^2\right)\left(\frac{2\sigma^4}{n-1}+\sigma^4\right)$.

六、**解**　因 $X_1,X_2,\cdots,X_n$ 相互独立，所以$\sqrt{X_1},\sqrt{X_2},\cdots,\sqrt{X_n}$ 相互独立，从而

$$E(Y)=E(\sqrt{X_1X_2\cdots X_n})=E(\sqrt{X_1})E(\sqrt{X_2})\cdots E(\sqrt{X_n})=[E(\sqrt{X})]^n.$$

分部积分得 $E(\sqrt{X})=\int_0^{+\infty}\sqrt{x}\,\frac{1}{\theta}\mathrm{e}^{-\frac{x}{\theta}}\mathrm{d}x=\frac{1}{2}\sqrt{\pi\theta}$，于是 $E(Y)=[E(\sqrt{X})]^n=\left(\frac{1}{2}\sqrt{\pi\theta}\right)^n$.

七、**解**　(1) 根据自由度是 16 的上分位点定义，有

$$P\left\{\frac{\sigma^2}{2}\leqslant\frac{1}{n}\sum_{i=1}^{n}(X_i-\mu)^2\leqslant 2\sigma^2\right\}=P\{\chi^2(16)\geqslant 8\}-P\{\chi^2(16)\geqslant 32\}$$
$$=0.95-0.01=0.94.$$

(2) $$P\left\{\frac{\sigma^2}{2}\leqslant\frac{1}{n}\sum_{i=1}^{n}(X_i-\overline{X})^2\leqslant 2\sigma^2\right\}=P\left\{\frac{n}{2}\leqslant\frac{n-1}{\sigma^2}S^2\leqslant 2n\right\}$$
$$=P\left\{\frac{n}{2}\leqslant\chi^2(n-1)\leqslant 2n\right\}$$
$$=P\left\{\frac{n}{2}\leqslant\chi^2(15)\leqslant 2n\right\}$$
$$=P\{\chi^2(15)\geqslant 8\}-P\{\chi^2(15)\geqslant 32\}$$
$$=0.9-0.005=0.895.$$

八、**解**　$P\left\{\frac{(n-1)S^2}{\sigma^2}\leqslant(n-1)1.5\right\}\geqslant 0.95$，所以 $P\left\{\frac{(n-1)S^2}{\sigma^2}\geqslant(n-1)1.5\right\}\leqslant 0.05$. 在分位点 0.05 这一列值是自由度的 1.5 倍时，自由度最小 $n-1=20$，所以 $n=21$.

九、**解**　$E(|\overline{X}-2|^2)=[E(\overline{X}-2)]^2+D(\overline{X}-2)=4+\frac{4}{n}\leqslant 4.25$，所以 $n\geqslant 16$.

十、解 $E(\overline{X})=E\left(\frac{1}{n}\sum_{i=1}^{n}X_i\right)=\frac{1}{n}\sum_{i=1}^{n}E(X_i)=\frac{1}{n}\cdot np=p$,

$D(\overline{X})=D\left(\frac{1}{n}\sum_{i=1}^{n}X_i\right)=\frac{1}{n^2}\sum_{i=1}^{n}E(X_i)=\frac{1}{n^2}\cdot np(1-p)=\frac{1}{n}p(1-p)$,

$E(S^2)=E\left[\frac{1}{n-1}\sum_{i=1}^{n}(X_i-\overline{X})^2\right]=\frac{1}{n-1}\left[\sum_{i=1}^{n}E(X_i^2)-nE(\overline{X})^2\right]$,

由 $D(X)=E(X^2)-[E(X)]^2$ 得

$$E(X_i^2)=D(X_i)+[E(X_i)]^2=p(1-p)+p^2=p,$$

$$E(\overline{X}^2)=D(\overline{X})+[E(\overline{X})]^2=\frac{p(1-p)}{n}+p^2,$$

所以 $E(S^2)=\frac{1}{n-1}\left[\sum_{i=1}^{n}E(X_i^2)-nE(\overline{X})^2\right]=\frac{1}{n-1}\left\{np-n\left[\frac{p(1-p)}{n}+p^2\right]\right\}=p(1-p)$.

自测题 6

一、1. C.

解 因为 $X\sim N(1,2^2)$,则 $\overline{X}\sim N\left(1,\frac{4}{n}\right)$,于是$\frac{\overline{X}-1}{2/\sqrt{n}}\sim N(0,1)$. 故选 C.

2. A.

解 若总体 $X\sim N(\mu,\sigma^2)$,则$\frac{(n-1)S^2}{\sigma^2}\sim\chi^2(n-1)$,所以 $\frac{\sum_{i=1}^{n}(X_i-\overline{X})^2}{\sigma^2}\sim\chi^2(n-1)$. 故选 A.

3. C.

解 因为统计量中不应含有未知参数,故 A,B,D 都是统计量,而 C 不是统计量. 故选 C.

4. B.

解 因为 $X\sim N(\mu,1)$,所以$\frac{X-\mu}{1}\sim N(0,1)$. 又因为 X,Y 相互独立,由 t 分布的定义知,$\frac{X-\mu}{\sqrt{Y/4}}\sim t(4)$. 故选 B.

5. A.

解 因为 $P\{|X|<x\}=0.95$,所以 $P\{|X|>x\}=0.05$. 又 $P\{X>x\}=P\{X<-x\}=0.025$,由上 α 分位点定义知 $x=z_{0.025}$. 故选 A.

二、1. $N\left(\mu,\frac{\sigma^2}{n}\right)$.

解 因为 $X\sim N(\mu,\sigma^2)$,则 $X_i\sim N(\mu,\sigma^2)$,于是 $\overline{X}\sim N\left(\mu,\frac{\sigma^2}{n}\right)$.

2. $\sum_{i=1}^{n}\left(\frac{X_i-\mu}{\sigma}\right)^2\sim\chi^2(n)$.

解 因为 $X_i \sim N(\mu,\sigma^2)$，所以 $\dfrac{X_i-\mu}{\sigma}\sim N(0,1)$. 又因为 $X_1,X_2,\cdots,X_n$ 相互独立，由 χ^2 分布的定义知 $\sum\limits_{i=1}^{n}\left(\dfrac{X_i-\mu}{\sigma}\right)^2\sim\chi^2(n)$.

3. $F(10,5)$.

解 因为 $X_i\sim N(0,4)$，所以 $\dfrac{X_i}{2}\sim N(0,1)$，$i=1,2,\cdots,15$. 于是

$$U=\frac{1}{4}(X_1^2+X_2^2+\cdots+X_{10}^2)\sim\chi^2(10),\quad V=\frac{1}{4}(X_{11}^2+X_{12}^2+\cdots+X_{15}^2)\sim\chi^2(5),$$

由 U 和 V 的独立性以及 F 分布的定义，有

$$Y=\frac{X_1^2+\cdots+X_{10}^2}{2(X_{11}^2+\cdots+X_{15}^2)}=\frac{U/10}{V/5}\sim F(10,5).$$

4. 3.404.

解 因为 $X\sim b(10,0.18)$，所以 $E(X)=10\times0.18=1.8$，$D(X)=10\times0.18\times0.82=14.76$. 且 $E(\overline{X})=E(X)=1.8$，$D(\overline{X})=\dfrac{D(X)}{9}=0.164$，于是 $E(\overline{X}^2)=(E(\overline{X}))^2+D(\overline{X})=3.24+0.164=3.404$.

5. 0.176.

解 由 $P\{X<\lambda\}=0.01$ 得 $\{X>\lambda\}=0.99$，查表可得

$$\lambda=f_{0.99}(8,12)=\frac{1}{f_{0.01}(12,8)}=\frac{1}{5.67}=0.176.$$

三、1. **解** 由样本均值的计算公式，有

$$\bar{x}=\frac{1}{8}\sum_{i=1}^{8}x_i=\frac{1}{8}\times(15+20+32+26+37+18+19+43)=26.25.$$

由样本方差的计算公式，有 $s^2=\dfrac{1}{8-1}\sum\limits_{i=1}^{8}(x_i-\bar{x})^2=102.21$.

由二阶样本矩的计算公式，有 $a_2=\dfrac{1}{8}\sum\limits_{i=1}^{8}x_i^2=778.5$.

由二阶样本中心矩的计算公式，有 $b_2=\dfrac{1}{8}\sum\limits_{i=1}^{8}(x_i-\bar{x})^2=89.44$.

2. **解** (1) 由于 X_i 的概率密度为

$$f(x_i)=\frac{1}{\sqrt{2\pi}\sigma}e^{-\frac{(x_i-\mu)^2}{2\sigma^2}},\quad i=1,2,\cdots,10,$$

因此 $(X_1,X_2,\cdots,X_{10})$ 的概率密度为

$$\begin{aligned}f(x_1,x_2,\cdots,x_{10})&=f(x_1)f(x_2)\cdots f(x_{10})\\&=\frac{1}{\sqrt{2\pi}\sigma}e^{-\frac{(x_1-\mu)^2}{2\sigma^2}}\frac{1}{\sqrt{2\pi}\sigma}e^{-\frac{(x_2-\mu)^2}{2\sigma^2}}\cdots\frac{1}{\sqrt{2\pi}\sigma}e^{-\frac{(x_{10}-\mu)^2}{2\sigma^2}}\\&=(2\pi)^{-5}(\sigma^2)^{-5}e^{-\frac{\sum_{i=1}^{10}(x_i-\mu)^2}{2\sigma^2}}.\end{aligned}$$

(2) $X \sim N(\mu,\sigma^2)$，则 $\overline{X} \sim N\left(\mu,\dfrac{\sigma^2}{10}\right)$，$\overline{X}$ 的概率密度为 $f(x)=\dfrac{\sqrt{10}}{\sqrt{2\pi}\sigma}\mathrm{e}^{-\frac{10(x-\mu)^2}{2\sigma^2}}$.

3. **解** (1) 由于 $X \sim N(21,2^2)$，所以 $\overline{X} \sim N\left(21,\dfrac{2^2}{25}\right)$，于是 $E(\overline{X})=21$，$D(\overline{X})=\dfrac{2^2}{25}=0.4^2$.

(2) 由 $\overline{X} \sim N(21,0.4^2)$ 得 $\dfrac{\overline{X}-21}{0.4} \sim N(0,1)$，于是

$$P\{|\overline{X}-21| \leqslant 0.24\}=P\left\{\left|\frac{\overline{X}-21}{0.4}\right| \leqslant 0.6\right\}=2\Phi(0.6)-1=0.4514.$$

4. **解** (1) 由 $P\{X<a\}=0.05$，利用 t 分布的对称性可得 $P\{X>-a\}=0.05$，查表可得

$$-a=t_{0.05}(12)=1.7823 \Rightarrow a=-1.7823.$$

(2) 由 $P\{X>b\}=0.99$ 得 $P\{X \leqslant b\}=0.01$，又由 t 分布的对称性可得

$$P\{X>-b\}=0.01,$$

于是

$$-b=t_{0.01}(12)=2.6810 \Rightarrow b=-2.6810.$$

5. **解** 根据抽样分布定理可知

$$\frac{15}{4}S^2 \sim \chi^2(15),$$

而由 $P\{S^2 \leqslant c\}=0.95$ 可得 $P\left\{\dfrac{15}{4}S^2 \leqslant \dfrac{15}{4}c\right\}=0.95$，进而可得

$$P\left\{\frac{15}{4}S^2>\frac{15}{4}c\right\}=0.05,$$

查表可得 $\dfrac{15}{4}c=\chi^2_{0.05}(15)=24.996$，于是 $c=\dfrac{4}{15}\times 24.996=6.666$.

6. **解** 设这两个样本分别为 $X_1,X_2,\cdots,X_{10}$ 和 $Y_1,Y_2,\cdots,Y_{15}$，则对样本均值有

$$\overline{X}=\frac{1}{10}\sum_{i=1}^{10}X_i \sim N\left(20,\frac{3}{10}\right),\quad \overline{Y}=\frac{1}{15}\sum_{i=1}^{15}Y_i \sim N\left(20,\frac{3}{15}\right).$$

依定理，$\overline{X}-\overline{Y} \sim N\left(0,\dfrac{1}{2}\right)$，所以

$$\begin{aligned}P\{|\overline{X}-\overline{Y}|>0.3\}&=P\left\{\frac{|\overline{X}-\overline{Y}|}{\sqrt{0.5}}>\frac{0.3}{\sqrt{0.5}}\right\}=1-P\left\{\frac{|\overline{X}-\overline{Y}|}{\sqrt{0.5}} \leqslant \frac{0.3}{\sqrt{0.5}}\right\}\\&=1-\left(\Phi\left(\frac{0.3}{\sqrt{0.5}}\right)-\Phi\left(-\frac{0.3}{\sqrt{0.5}}\right)\right)\\&=1-\left[2\Phi\left(\frac{0.3}{\sqrt{0.5}}\right)-1\right]=0.6744.\text{（查标准正态分布表）}\end{aligned}$$

第7章　参数估计

习题7

一、1. $a+b+c=1$.　2. $\hat{\mu}_3$.　3. C.　4. $\dfrac{2}{3}$.

二、1. **解**　(1) p 的矩估计量为 $\hat{p}=\dfrac{1}{n}\overline{X}$.

(2) 由 $X\sim b(5,p)$,则

$$\hat{p}=\frac{1}{n}\overline{X}=\frac{1}{5}\left[\frac{1}{100}(0\times3+1\times18+2\times29+3\times31+4\times14+5\times5)\right]=0.5.$$

2. **解**　$P\{X=x\}=p^x(1-p)^{1-x}, x=0,1$(0-1分布的分布律).

构造似然函数　$L(p)=\prod\limits_{i=1}^{n}p^{x_i}(1-p)^{1-x_i}=p^{\sum\limits_{i=1}^{n}x_i}(1-p)^{n-\sum\limits_{i=1}^{n}x_i}$,

对数似然函数　$\ln L(p)=\sum\limits_{i=1}^{n}x_i\ln p+\left(n-\sum\limits_{i=1}^{n}x_i\right)\ln(1-p)$.

令 $\dfrac{\mathrm{d}\ln L(p)}{\mathrm{d}p}=0$,得　$\sum\limits_{i=1}^{n}x_i\dfrac{1}{p}+\left(n-\sum\limits_{i=1}^{n}x_i\right)\dfrac{-1}{1-p}=0$.

参数 p 的极大似然估计量为 $\hat{p}=\dfrac{1}{n}\sum\limits_{i=1}^{n}X_i$. 若样本值为(1,0,0,1,0,0),则 $n=6$, $\hat{p}=\dfrac{1}{n}\sum\limits_{i=1}^{n}x_i=\dfrac{1}{6}(1+0+0+1+0+0)=\dfrac{1}{3}$.

3. **解**　(1) $\mu_1=E(X)=\int_0^1 x(\alpha+1)x^{\alpha}\mathrm{d}x=\dfrac{\alpha+1}{\alpha+2}$, 令 $\mu_1=A_1=\overline{X}$,得矩估计 $\hat{\alpha}=\dfrac{2\overline{X}-1}{1-\overline{X}}$.

(2) 构造似然函数　$L(\alpha)=\prod\limits_{i=1}^{n}f(x_i)=\prod\limits_{i=1}^{n}(\alpha+1)x_i{}^{\alpha}=(\alpha+1)^n\left(\prod\limits_{i=1}^{n}x_i\right)^{\alpha}$,

对数似然函数为　$\ln L(\alpha)=n\ln(\alpha+1)+\alpha\sum\limits_{i=1}^{n}\ln x_i$.

令 $\dfrac{\mathrm{d}\ln L(\alpha)}{\mathrm{d}\alpha}=0$, 得　$\dfrac{n}{\alpha+1}+\sum\limits_{i=1}^{n}\ln x_i=0$.

解得参数 α 的最大似然估计量为 $\hat{\alpha}=-1-\dfrac{n}{\sum\limits_{i=1}^{n}\ln X_i}$.

4. **解**　构造似然函数

$$L(\theta)=\prod_{i=1}^{n}f(x_i)=\prod_{i=1}^{n}(\theta\alpha)x_i{}^{\alpha-1}\mathrm{e}^{-\theta x_i^{\alpha}}=\theta^n\alpha^n\left(\prod_{i=1}^{n}x_i\right)^{\alpha-1}\mathrm{e}^{-\theta\sum\limits_{i=1}^{n}x_i^{\alpha}},$$

对数似然函数为　$\ln L(\theta)=n\ln\theta+\ln\alpha^n\left(\prod\limits_{i=1}^{n}x_i\right)^{\alpha-1}-\theta\sum\limits_{i=1}^{n}x_i^{\alpha}$.

令$\frac{\mathrm{d}\ln L(\theta)}{\mathrm{d}\theta}=0$，得$\frac{n}{\theta}-\sum_{i=1}^{n}x_i^{\alpha}=0$，故参数$\theta$极大似然估计量为$\hat{\theta}=\frac{n}{\sum_{i=1}^{n}x_i^{\alpha}}$.

5. **解** $\mu_1=E(X)=\int_{\mu}^{+\infty}x\frac{1}{\theta}\mathrm{e}^{-\frac{x-\mu}{\theta}}\mathrm{d}x=\mu+\theta$，

$$\mu_2=E(X^2)=\int_{\mu}^{+\infty}x^2\frac{1}{\theta}\mathrm{e}^{-\frac{x-\mu}{\theta}}\mathrm{d}x=(\mu+\theta)^2+\theta^2.$$

令$\begin{cases}\mu_1=A_1,\\ \mu_2=A_2,\end{cases}$得$\begin{cases}\mu+\theta=\overline{X},\\ (\mu+\theta)^2+\theta^2=\frac{1}{n}\sum_{i=1}^{n}X_i^2.\end{cases}$

参数θ的矩估计为$\sqrt{\frac{1}{n}\sum_{i=1}^{n}(X_i-\overline{X})^2}$，参数$\mu$的矩估计为$\overline{X}-\sqrt{\frac{1}{n}\sum_{i=1}^{n}(X_i-\overline{X})^2}$.

6. **解** 若使$C\sum_{i=1}^{n-1}(X_{i+1}-X_i)^2$为$\sigma^2$的无偏估计量，要求$E\left[C\sum_{i=1}^{n-1}(X_{i+1}-X_i)^2\right]=\sigma^2$.
又

$$E\left[C\sum_{i=1}^{n-1}(X_{i+1}-X_i)^2\right]=C\left[E\sum_{i=1}^{n-1}(X_{i+1}-X_i)^2\right]$$
$$=C\left[E\left(2\sum_{i=1}^{n}X_i^2-X_1^2-X_n^2\right)-2E\left(\sum_{i=1}^{n-1}X_iX_{i+1}\right)\right],$$

已知$E(X_i)=\mu,D(X_i)=\sigma^2,E(X_i^2)=\sigma^2+\mu^2$，则

$$E\left[C\sum_{i=1}^{n-1}(X_{i+1}-X_i)^2\right]=C[2(n-1)(\sigma^2+\mu^2)-2(n-1)\mu^2]=C[2(n-1)\sigma^2]=\sigma^2,$$

故$C=\frac{1}{2(n-1)}$.

7. **证明** (1) $E(\overline{X})=E\left(\frac{n_1\overline{X}_1+n_2\overline{X}_2}{n_1+n_2}\right)=\frac{1}{n_1+n_2}(n_1E(\overline{X}_1)+n_2E(\overline{X}_2))=\mu$，

可得$\overline{X}=\frac{n_1\overline{X}_1+n_2\overline{X}_2}{n_1+n_2}$是总体$X$的均值为$\mu$的无偏估计.

(2) $E(s_e^2)=\frac{1}{n_1+n_2-2}[(n_1-1)E(S_1^2)+(n_2-1)E(S_2^2)]$

$$=\frac{1}{n_1+n_2-2}[(n_1-1)\sigma^2+(n_2-1)\sigma^2]=\sigma^2,$$

可得$s_e^2=\frac{(n_1-1)S_1^2+(n_2-1)S_2^2}{n_1+n_2-2}$是总体$X$的方差为$\sigma^2$的无偏估计.

8. **解** (1) 因为$X\sim N(\mu,\sigma^2)$，所以$\frac{X-\mu}{\sigma}\sim N(0,1)$，

$$P\{X<t\}=P\left\{\frac{X-\mu}{\sigma}<\frac{t-\mu}{\sigma}\right\}=\Phi\left(\frac{t-\mu}{\sigma}\right).$$

若$X_1,X_2,\cdots,X_n$为正态总体$N(\mu,\sigma^2)$的一个样本，则μ,σ^2的最大似然估计分别为$\hat{\mu}=\overline{X}$，$\hat{\sigma}^2=A_2=\frac{1}{n}\sum_{i=1}^{n}(X_i-\overline{X})^2$，可得$P\{X<t\}$的最大似然估计为$\Phi\left[(t-\overline{X})\Big/\sqrt{\frac{1}{n}\sum_{i=1}^{n}(X_i-\overline{X})^2}\right]$.

（2）根据(1)的结果可得

$$P\{X > 1300\} = 1 - \Phi\left[(1300 - \overline{X}) \Big/ \sqrt{\frac{1}{n}\sum_{i=1}^{n}(X_i - \overline{X})^2}\right]$$

$$= 1 - \Phi\left(\frac{1300 - 997.1}{\sqrt{\frac{9}{10}131.55}}\right) = 1 - \Phi(2.427) = 0.0078.$$

9. **解** 似然函数$L(\theta) = \prod_{i=1}^{n} \frac{1}{\theta^2} x_i \mathrm{e}^{-\frac{x_i}{\theta}} = \frac{1}{\theta^{2n}} \prod_{i=1}^{n} x_i \mathrm{e}^{-\frac{\sum_{i=1}^{n} x_i}{\theta}}$，

$$\ln(L(\theta)) = -2n\ln\theta + \sum_{i=1}^{n}\ln x_i - \frac{\sum_{i=1}^{n} x_i}{\theta}.$$

似然方程为 $\frac{\mathrm{d}(\ln(L(\theta)))}{\mathrm{d}\theta} = -\frac{2n}{\theta} + \frac{\sum_{i=1}^{n} x_i}{\theta^2} = 0$，$\theta$ 的最大似然估计量为 $\hat{\theta} = \frac{1}{2}\overline{X}$. 又

$$\overline{X} = E(X) = \int_0^{+\infty} x\left(\frac{1}{\theta^2} x \mathrm{e}^{-\frac{x}{\theta}}\right)\mathrm{d}x = -\int_0^{+\infty} \frac{1}{\theta} x^2 \mathrm{d}(\mathrm{e}^{-\frac{x}{\theta}}) = 2\theta,$$

故 θ 的矩估计值为 $\hat{\theta} = \frac{1}{2}\overline{X}$，

$$E(\hat{\theta}) = \frac{1}{2}E(\overline{X}) = \frac{1}{2}E(X) = \frac{1}{2} \cdot 2\theta = \theta,$$

所以 $\hat{\theta} = \frac{1}{2}\overline{X}$ 是 θ 的无偏估计.

10. **解** 设 $X_1, X_2, \cdots, X_n$ 为样本，则似然函数为

$$L(X_1, X_2, \cdots, X_n) = \prod_{i=1}^{n} \frac{4}{\sqrt{\pi}\theta^3} X_i^2 \mathrm{e}^{-\left(\frac{X_i}{\theta}\right)^2} = \left(\frac{4}{\sqrt{\pi}\theta^3}\right)^n \left(\prod_{i=1}^{n} X_i^2\right) \mathrm{e}^{-\frac{1}{\theta^2}\sum_{i=1}^{n} X_i^2},$$

$$\ln(L(X_1, X_2, \cdots, X_n)) = n\ln 4 - \frac{n}{2}\ln\pi - 3n\ln\theta + 2\sum_{i=1}^{n}\ln X_i - \frac{1}{\theta^2}\sum_{i=1}^{n} X_i^2.$$

令 $\frac{\mathrm{d}\ln L}{\mathrm{d}\theta} = -\frac{3n}{\theta} + \frac{2\theta}{\theta^4}\sum_{i=1}^{n} x_i^2 = 0$，解得最大似然估计量 $\hat{\theta}^2 = \frac{2}{3n}\sum_{i=1}^{n} X_i^2$. 故

$$E(\theta^2) = E\left(\frac{2}{3n}\sum_{i=1}^{n} X_i^2\right) = \frac{2}{3n}E(X^2) = \frac{2}{3}\int_0^{+\infty} \frac{4}{\sqrt{\pi}\theta^3} x^4 \mathrm{e}^{-\left(\frac{x}{\theta}\right)^2} \mathrm{d}x$$

$$\xlongequal{t = \frac{x}{\theta}} \frac{8\theta^2}{3\sqrt{\pi}} \int_0^{+\infty} t^4 \mathrm{e}^{-t^2} \mathrm{d}t.$$

经过分部积分得 $E(\theta^2) = \theta^2$，所以为无偏估计.

11. **解** (1) 似然函数为 $L(\theta) = \prod_{i=1}^{n} \theta(x_i - 5)\mathrm{e}^{-\frac{\theta}{2}(x_i - 5)^2} = \theta^n \left(\prod_{i=1}^{n}(x_i - 5)\right) \mathrm{e}^{-\frac{\theta}{2}\sum_{i=1}^{n}(x_i - 5)^2}$，

$$\ln(L(\theta)) = n\ln\theta + \ln\left(\prod_{i=1}^{n}(x_i - 5)\right) - \frac{\theta}{2}\sum_{i=1}^{n}(x_i - 5)^2,$$

当 $n=5$ 时，$\qquad \ln(L(\theta))=5\ln\theta+\ln\left(\prod_{i=1}^{5}(x_i-5)\right)-\frac{\theta}{2}\sum_{i=1}^{5}(x_i-5)^2.$

似然方程为 $\qquad \frac{\mathrm{d}(\ln(L(\theta)))}{\mathrm{d}\theta}=\frac{5}{\theta}-\frac{1}{2}\sum_{i=1}^{5}(x_i-5)^2=0,$

解得 θ 的极大似然估计值为 $\theta=\frac{10}{\sum_{i=1}^{5}(x_i-5)^2}$. 代入 8,9,10,12,13 可得

$$\theta=\frac{10}{(8-5)^2+(9-5)^2+(10-5)^2+(12-5)^2+(13-5)^2}=0.0613.$$

(2) 由于 $\theta-0.0613$，所以

$$P\{10\leqslant X\leqslant 15\}=\int_{10}^{15}\theta(x-5)\mathrm{e}^{-\frac{\theta}{2}(x-5)^2}\mathrm{d}x \xlongequal{t=x-5}\int_{5}^{10}\theta t\mathrm{e}^{-\frac{\theta}{2}t^2}\mathrm{d}t$$

$$=\left(-\mathrm{e}^{-\frac{\theta}{2}t^2}\right)\Big|_5^{10}=\mathrm{e}^{-\frac{\theta}{2}\cdot 25}-\mathrm{e}^{-\frac{\theta}{2}\cdot 100}=0.4181.$$

12. **解** $\quad \overline{X}=E(X)=\int_0^{\alpha}xf(x)\mathrm{d}x=\int_0^{\alpha}x\frac{2}{\alpha^2}(\alpha-x)\mathrm{d}x=\frac{2}{\alpha^2}\int_0^{\alpha}x(\alpha-x)\mathrm{d}x=\frac{\alpha^3}{6}\cdot\frac{2}{\alpha^2}=\frac{\alpha}{3}$，于是 $\alpha=3\overline{X}$.

13. **解** (1) 经计算样本均值 $\bar{x}=2809$，样本标准差 $s=38.84$，已知 $n=5,\alpha=0.05$，$t_{0.025}(4)=2.7764$，所求置信区间为

$$\left(\bar{x}\pm t_{0.025}(4)\frac{s}{\sqrt{5}}\right)=\left(2809\pm 2.7764\times\frac{38.84}{\sqrt{5}}\right)=(2760.8,2857.2).$$

(2) 已知 $z_{0.025}=1.960$，所求置信区间为

$$\left(\bar{x}\pm z_{0.025}\frac{\sigma}{\sqrt{5}}\right)=\left(2809\pm 1.960\times\frac{40}{\sqrt{5}}\right)=(2773.9,2844.1).$$

14. **解** (1) 已知 $n_1=n_2=9, t_{0.05}(16)=1.7459$，经计算 $s_w^2=\frac{(n_1-1)s_1^2+(n_2-1)s_2^2}{n_1+n_2-2}=32$，所求置信区间为 $\left(\bar{x}-\bar{y}\pm t_{0.05}(16)s_w\sqrt{\frac{1}{n_1}+\frac{1}{n_2}}\right)=(15.3,24.7)$.

(2) 已知 $z_{0.05}=1.645$，所求置信区间为 $\left(\bar{x}-\bar{y}\pm z_{0.05}\sqrt{\frac{\sigma_1^2}{n_1}+\frac{\sigma_2^2}{n_2}}\right)=(16.2,23.8)$.

*15. **解** (1) 已知 $n=9,\alpha=0.05$，经查表得 $\chi^2_{0.025}(8)=17.535,\chi^2_{0.975}(8)=2.180$，计算得到 $\bar{x}=6.0, s=0.574$，则所求置信区间为 $\left(\frac{(n-1)s^2}{\chi^2_{0.025}(8)},\frac{(n-1)s^2}{\chi^2_{0.975}(8)}\right)=(0.15,1.20)$.

(2) 已知 $t_{0.05}(8)=1.8595$，则 μ 的置信度为 95% 的单侧上限为 $\bar{x}+t_{0.05}(8)\frac{s}{\sqrt{n}}=6.36$.

*16. **解** 已知 $n=10,\alpha=0.05$，经查表得 $F_{0.025}(9,9)=4.03, F_{0.975}(9,9)=\frac{1}{F_{0.025}(9,9)}=0.248$，$\frac{\sigma_1^2}{\sigma_2^2}$ 的置信度为 95% 的置信区间为 $\left(\frac{s_A^2}{s_B^2}\frac{1}{F_{0.025}(9,9)},\frac{s_A^2}{s_B^2}\frac{1}{F_{0.975}(9,9)}\right)=(0.22,3.6)$.

** 17. (0.6226,0.6765).

** 18. (39.52,52.24).

自测题 7

一、1. $\hat{\theta}=\overline{X}-1$.

解 $E(X)=\dfrac{\theta+\theta+2}{2}=\theta+1$,令 $E(X)=\overline{X}$,故 $\theta+1=\overline{X}$,$\hat{\theta}=\overline{X}-1$.

2. $k=-1$.

解 因为 $\overline{X}+kS^2$ 为 np^2 的无偏估计量,所以 $E(\overline{X}+kS^2)=np^2$,而 $E(\overline{X}+kS^2)=E(\overline{X})+kE(S^2)=np+knp(1-p)$.令 $np^2=np+knp(1-p)=np(1+k)-knp^2$,则 $k=-1$.

3. 0.966.

解 本题属于已知 σ^2,估计 μ 的类型.μ 的满足置信度为 $1-\alpha$ 的置信区间为

$$\left(\overline{X}-z_{\frac{\alpha}{2}}\frac{\sigma}{\sqrt{n}},\overline{X}+z_{\frac{\alpha}{2}}\frac{\sigma}{\sqrt{n}}\right).$$

由题意 $z_{\frac{\alpha}{2}}\dfrac{\sigma}{\sqrt{n}}=1$,且 $\sigma=\sqrt{8}$,$n=36$,故 $z_{\frac{\alpha}{2}}=2.12$,查表可得置信度 $1-\alpha=0.966$.

4. $\dfrac{2}{7}$.

解 因为 $\hat{\mu}$ 是 μ 的无偏估计,则 $E(\hat{\mu})=\mu$,即

$$E\left(\frac{1}{7}X_1+aX_2+\frac{4}{7}X_3\right)=\left(\frac{5}{7}+a\right)\mu=\mu,\quad \frac{5}{7}+a=1,\quad a=\frac{2}{7}.$$

二、1. D.

解 由有效性的定义可知,在无偏估计量中,方差小的估计量更有效.本题四个无偏估计量中,$\hat{\mu}=\dfrac{1}{3}X_1+\dfrac{1}{3}X_2+\dfrac{1}{3}X_3$ 的方差最小,为 $D(\hat{\mu})=\dfrac{4}{3}$是最好的.

2. A.

解 无论 σ^2 是否已知,由标准正态分布或 t 分布的几何意义都可看出,当样本容量 n 固定时,置信度提高,则置信区间长度变大,反之,则长度减少.

3. A.

解 $E(\hat{\theta})^2=D(\hat{\theta})+(E(\hat{\theta}))^2>(E(\hat{\theta}))^2=\theta^2$.

4. B.

解 一个参数 θ 的矩估计用一阶矩,$E(X)=\overline{X}$.算得

$$E(X)=(-1)(2\theta)+0\cdot\theta+1\cdot(1-3\theta)=1-5\theta,\quad 1-5\theta=\overline{X},\quad \hat{\theta}=\frac{1-\overline{X}}{5}.$$

5. C.

解 由于 X 服从参数为 λ 的泊松分布,所以

$$E(X)=D(X)=\lambda,\quad E(\overline{X})=E(X)=\lambda,\quad E(S^2)=D(X)=\lambda.$$

由 $\lambda=E[a\overline{X}+(2-3a)S^2]=a\lambda+(2-3a)\lambda$,则 $a=\dfrac{1}{2}$.

三、1. **解** 矩估计如下：

$$E(X)=\int_5^6 x(\theta+1)(x-5)^\theta\mathrm{d}x=\int_5^6 x\,\mathrm{d}(x-5)^{\theta+1}$$
$$=6-\int_5^6(x-5)^{\theta+1}\mathrm{d}x=6-\frac{1}{\theta+2},$$

令 $E(X)=\overline{X}$，因此 θ 的矩估计量为 $\hat{\theta}=\dfrac{1}{6-\overline{X}}-2$.

极大似然估计如下：

似然函数 $L(\theta)=\prod\limits_{i=1}^n f(x_i;\theta)=(\theta+1)^n\prod\limits_{i=1}^n(x_i-5)^\theta, 5<x_i<6, i=1,2,\cdots,n,$

$$\ln L(\theta)=n\ln(\theta+1)+\theta\sum_{i=1}^n\ln(x_i-5).$$

两边同时对 θ 求导，得

$$\frac{\mathrm{d}\ln L(\theta)}{\mathrm{d}\theta}=\frac{n}{\theta+1}+\sum_{i=1}^n\ln(x_i-5)=0,$$

则 θ 的最大似然估计量为

$$\hat{\theta}=-\frac{n}{\sum\limits_{i=1}^n\ln(x_i-5)}-1.$$

2. **解** (1) $E(X)=\int_{-\infty}^{+\infty}x\cdot f(x;\theta)\mathrm{d}x=\int_0^\theta x\cdot\dfrac{1}{2\theta}\mathrm{d}x+\int_\theta^1 x\cdot\dfrac{1}{2(1-\theta)}\mathrm{d}x=\dfrac{1}{4}+\dfrac{\theta}{2}.$

令 $E(X)=\overline{X}$，即 $\overline{X}=\dfrac{1}{4}+\dfrac{\theta}{2}$，得 θ 的矩估计量为 $\hat{\theta}=2\overline{X}-\dfrac{1}{2}$.

(2) 因为

$$E(4\overline{X}^2)=4E(\overline{X}^2)=4\{D(\overline{X})+[E(\overline{X})]^2\}=4\left[\frac{1}{n}D(X)+\left(\frac{1}{4}+\frac{\theta}{2}\right)^2\right]$$
$$=\frac{4}{n}D(X)+\frac{1}{4}+\theta+\theta^2.$$

又 $D(X)\geqslant0,\theta>0$，所以 $E(4\overline{X}^2)>\theta^2$，即 $E(4\overline{X}^2)\neq\theta^2$，因此 $4\overline{X}^2$ 不是 θ^2 的无偏估计量.

3. **解** $\bar{x}=\dfrac{1}{10}\sum\limits_{i=1}^{10}x_i=575.2, s^2=\dfrac{1}{10-1}\sum\limits_{i=1}^{10}(x_i-\bar{x})^2=75.73, \chi^2_{0.05}(9)=16.919,$ $\chi^2_{0.95}(9)=3.325$，σ^2 的置信区间为 $\left(\dfrac{(n-1)s^2}{\chi^2_{\frac{\alpha}{2}}(9)},\dfrac{(n-1)s^2}{\chi^2_{1-\frac{\alpha}{2}}(9)}\right)$. 代入数据得 σ^2 的 90%的置信区间为(40.28,240.98)，σ 的 90%的置信区间为(6.35,14.32).

4. **解** 似然函数为

$$L(p)=\prod_{i=1}^n p(x_i)=\prod_{i=1}^n p(1-p)^{x_i-1}=p^n(1-p)^{\sum\limits_{i=1}^n x_i-n}.$$

令 $\dfrac{\mathrm{d}\ln L(p)}{\mathrm{d}p}=0$，解得 $\hat{p}=\dfrac{n}{\sum\limits_{i=1}^n x_i}=\dfrac{1}{\overline{X}}$，故 $\hat{p}=\dfrac{1}{\overline{X}}$ 即为 p 的最大似然估计. 而 $E(X)=\dfrac{1}{p}$，

由最大似然估计的不变性可知 $\hat{E}(X)=\dfrac{1}{\hat{p}}=\overline{X}$ 为 $E(X)$ 的最大似然估计.

5. **解** (1) $E(X)=\int_{-\infty}^{+\infty}xf(x)\mathrm{d}x=\int_{0}^{+\infty}\lambda^2x^2\mathrm{e}^{-\lambda x}\mathrm{d}x=\dfrac{2}{\lambda}$.

令 $\overline{X}=E(X)$，即 $\overline{X}=\dfrac{2}{\lambda}$，得 λ 的矩估计量为 $\hat{\lambda}_1=\dfrac{2}{\overline{X}}$.

(2) 设 $x_1,x_2,\cdots,x_n(x_i>0,i=1,2,\cdots,n)$ 为样本观测值，则似然函数为

$$L(x_1,x_2,\cdots,x_n;\lambda)=\lambda^{2n}\mathrm{e}^{-\lambda\sum_{i=1}^{n}x_i}\prod_{i=1}^{n}x_i,$$

$$\ln L=2n\ln\lambda-\lambda\sum_{i=1}^{n}x_i+\sum_{i=1}^{n}\ln x_i.$$

由 $\dfrac{\mathrm{d}\ln L}{\mathrm{d}\lambda}=\dfrac{2n}{\lambda}-\sum_{i=1}^{n}x_i=0$，得 λ 的最大似然估计量为 $\hat{\lambda}=\dfrac{2}{\overline{x}}$.

四、**证明** $X\sim P(\lambda)$， $E(X)=D(X)=\lambda$，

$E(\overline{X})=E(X)=\lambda$， $E(S^2)=D(X)=\lambda$，

$E[c\overline{X}+(1-c)S^2]=cE(\overline{X})+(1-c)E(S^2)=c\lambda+(1-c)\lambda=\lambda$.

因此，对于任意常数 $c(0\leqslant c\leqslant 1)$，$c\overline{X}+(1-c)S^2$ 是 λ 的无偏估计量.

第 8 章 假设检验

习题 8

一、1. 第一类错误越小(大)，则第二类错误越大(小).

2. $\overline{x}\pm z_{\frac{\alpha}{2}}\dfrac{\sigma}{\sqrt{n}}$；$\overline{x}\pm z_{\frac{\alpha}{2}}\dfrac{\sigma}{\sqrt{n}}$.

3.

序号	原假设 H_0	条件	所用统计量	H_0 成立的统计量服从分布
1	$\mu_1=\mu_2$	两正态总体，σ_1^2,σ_2^2 未知，但 $\sigma_1^2=\sigma_2^2$	$\dfrac{\overline{x}-\overline{y}}{\sqrt{\dfrac{1}{n_1}+\dfrac{1}{n_2}}\sqrt{\dfrac{(n_1-1)S_1^2+(n_2-1)S_2^2}{n_1+n_2-2}}}$	$t(n_1+n_2-2)$
2	$\mu_1=\mu_2$	成对数据	$\dfrac{\overline{d}}{S_d/\sqrt{n}}$	$d_i=x_i-y_i$ $t(n-1)$
3	$\mu_1=\mu_2$	两正态总体，σ_1^2,σ_2^2 已知	$\dfrac{\overline{x}-\overline{y}}{\sqrt{\dfrac{\sigma_1^2}{n_1}+\dfrac{\sigma_2^2}{n_2}}}$	$N(0,1)$

4. C.

5. $\mu=a$，$\mu>a$；5%；$t=\dfrac{\overline{x}-a}{S/\sqrt{n}}\sim t(n-1)$；$t>t_{0.05}(n-1)$.

二、1. **解** （1）由已知条件可得 $n=9$，$\overline{x}=99.9$，$s=1.074$，$\alpha=0.05$，$t_{0.025}(8)=2.306$.

提出假设 $H_0:\mu=100$，$H_1:\mu\neq 100$，检验问题拒绝域为 $|t|=\left|\dfrac{\overline{x}-\mu}{s/\sqrt{n}}\right|\geqslant t_{\frac{\alpha}{2}}(n-1)$，统计量 $|t|=\left|\dfrac{\overline{x}-\mu}{s/\sqrt{n}}\right|=\left|\dfrac{99.9-100}{1.074/\sqrt{9}}\right|=0.279<2.306$. 统计量没有落在拒绝域中，故接受原假设 H_0，即可以认为每包平均重量为 100kg.

（2）由已知条件可得 $n=9$，$\overline{x}=99.9$，$\sigma=1$，$\alpha=0.05$，$z_{0.025}=1.96$.

提出假设 $H_0:\mu=100$，$H_1:\mu\neq 100$，检验问题拒绝域为 $|Z|=\left|\dfrac{\overline{x}-\mu}{\sigma/\sqrt{n}}\right|\geqslant z_{\frac{\alpha}{2}}$，统计量 $|z|=\left|\dfrac{\overline{x}-\mu}{\sigma/\sqrt{n}}\right|=\left|\dfrac{99.9-100}{1/\sqrt{9}}\right|=0.3$，因为 $0.3<1.96$，所以统计量没有落在拒绝域中，故接受原假设 H_0，即可以认为每包平均重量为 100kg.

（3）由已知条件可得 $n=9$，$\overline{x}=99.9$，$\sigma^2=1.074$，$\alpha=0.05$，$\chi^2_{\frac{0.05}{2}}(9-1)=17.535$，$\chi^2_{1-\frac{0.05}{2}}(9-1)=2.180$.

提出假设 $H_0:\sigma^2=1.5$，$H_1:\sigma^2\neq 1.5$，检验问题拒绝域为 $\dfrac{(n-1)s^2}{\sigma^2}>\chi^2_{\alpha/2}(n-1)$ 或 $\dfrac{(n-1)s^2}{\sigma^2}<\chi^2_{1-\alpha/2}(n-1)$，统计量 $\dfrac{(n-1)s^2}{\sigma^2}=\dfrac{(9-1)(1.704)^2}{1.5}=3.69$.

因为 $2.18<3.69<17.535$，没有落在拒绝域中，故接受原假设 H_0，即可以认为 $\sigma^2=1.5$.

2. **解** $n_1=9$，$n_2=8$，$\overline{x}=0.230$，$\overline{y}=0.269$，$s_1^2=0.1337$，$s_2^2=0.1736$，$\alpha=0.05$，

$$s_\omega=\sqrt{\frac{(n_1-1)s_1^2+(n_2-1)s_2^2}{n_1+n_2-2}}=0.3902.$$

（1）由已知条件可得 $\sigma_1^2=0.1$，$\sigma_2^2=0.2$，$z_{0.025}=1.96$.

提出假设 $H_0:\mu_1=\mu_2$，$H_1:\mu_1\neq\mu_2$，检验问题拒绝域为 $|Z|=\dfrac{|\overline{x}-\overline{y}|}{\sqrt{\dfrac{\sigma_1^2}{n_1}+\dfrac{\sigma_2^2}{n_2}}}\geqslant z_{\frac{\alpha}{2}}$，统计量 $|z|=\dfrac{|\overline{x}-\overline{y}|}{\sqrt{\dfrac{\sigma_1^2}{n_1}+\dfrac{\sigma_2^2}{n_2}}}=0.205$. 因为 $0.205<1.96$，所以统计量没有落在拒绝域中，故接受原假设 H_0，即这两支矿脉含锌量的平均值可以认为相等.

（2）由已知条件可得 $t_{0.025}(9+8-2)=2.1315$，$\sigma_1^2=\sigma_2^2$.

提出假设 $H_0:\mu_1=\mu_2$，$H_1:\mu_1\neq\mu_2$，检验问题拒绝域为

$$|t|=\frac{\overline{x}-\overline{y}}{\sqrt{\dfrac{1}{n_1}+\dfrac{1}{n_2}}\sqrt{\dfrac{(n_1-1)s_1^2+(n_2-1)s_2^2}{n_1+n_2-2}}}\geqslant t_{\frac{\alpha}{2}}(n_1+n_2-2).$$

统计量$|t|=0.206$,因为$0.206<2.1315$,所以统计量没有落在拒绝域中,故接受原假设H_0,即这两支矿脉含锌量的平均值可以认为相等.

(3) 由已知条件可得$F_{0.025}(9-1,8-1)=4.9$,$F_{1-0.025}(9-1,8-1)=0.22$.

提出假设H_0: $\sigma_1^2=\sigma_2^2$,H_1: $\sigma_1^2\neq\sigma_2^2$.检验问题拒绝域为$\frac{s_1^2}{s_2^2}>F_{\frac{\alpha}{2}}(n_1-1,n_2-1)$或$\frac{s_1^2}{s_2^2}<F_{1-\frac{\alpha}{2}}(n_1-1,n_2-1)$,统计量$\frac{s_1^2}{s_2^2}=0.77$,因为$0.22<0.77<4.9$,所以统计量没有落在拒绝域中,故接受原假设$H_0$,即这两支矿脉含锌量的平均值是可以认为相等.

3. **解** $n=7$,$\overline{d}=-0.026$,$s_D=0.09$,$\alpha=0.01$,$t_{0.005}(7-1)=3.7074$.

提出假设H_0: $\mu_D=0$,H_1: $\mu_D\neq0$,检验问题拒绝域为$|t|=\left|\frac{\overline{d}}{s_D/\sqrt{n}}\right|\geqslant t_{\frac{\alpha}{2}}(n-1)$,统计量$|t|=0.76$,因为$0.76<3.7074$,所以统计量没有落在拒绝域中,故接受原假设$H_0$,即可以认为两个化验室测定结果无显著差异.

4. **解** 由已知条件可得$n=100$,$N=5$,$p_0=3\%$,$\alpha=0.05$,$z_{0.05}=1.645$.

提出假设H_0: $p\leqslant3\%$,H_1: $p>3\%$,由已知,检验问题拒绝域为$z_0>z_\alpha$,统计量$z_0=\frac{N-np_0}{\sqrt{np_0(1-p_0)}}=1.17$,因为$1.17<1.645$,所以统计量没有落在拒绝域中,故接受原假设$H_0$,即这批产品可以出厂.

5. **解** 由已知条件可得$n=16$,$\overline{x}=1.0045$,$s=0.096$,$\alpha=0.1$,$t_{0.05}(15)=1.753$.

提出假设H_0: $\mu=1$,H_1: $\mu>1$,检验问题拒绝域为$t=\frac{\overline{x}-\mu}{s/\sqrt{n}}>t_{\frac{\alpha}{2}}(n-1)$,统计量$t=\frac{\overline{x}-\mu}{s/\sqrt{n}}=0.1875$,因为$0.1875<1.753$,所以统计量没有落在拒绝域中,故接受原假设$H_0$,即可以食用.

应控制第二类错误,为了避免取伪错误.

6. **解** 由已知条件可得$n_1=n_2=10$,$\overline{x}=1.0045$,$\overline{y}=79.43$,$s_1^2=3.325$,$s_2^2=2.616$,$\alpha=0.05$.

$$s_\omega=\sqrt{\frac{(n_1-1)s_1^2+(n_2-1)s_2^2}{n_1+n_2-2}}=\sqrt{2.9705},\quad t_{0.05}(18)=1.7341.$$

提出假设H_0: $\mu_1=\mu_2$,H_1: $\mu_1<\mu_2$,检验问题拒绝域为$t\leqslant-t_\alpha(n_1+n_2-2)$,统计量$t=-4.16$,因为$-4.16<-1.7341$,所以统计量落在拒绝域中,故拒绝原假设$H_0$,即可以认为甲配方不如乙配方.

自测题 8

一、1. $\chi^2=\frac{(n-1)S^2}{\sigma^2}\sim\chi^2(n-1)$.

解 μ未知时,检验假设H_0: $\sigma^2=1$,H_1: $\sigma^2\neq1$应选统计量$\chi^2=\frac{(n-1)S^2}{\sigma^2}\sim\chi^2(n-1)$,

即 $\chi^2=(n-1)S^2$ 或 $\sum_{i=1}^{n}(X_i-\overline{X})^2$.

2. $1-\alpha$.

解 因为 $P\{拒绝 H_0 | H_0 为真\}=\alpha$，所以

$$P\{接受 H_0 | H_0 为真\}=1-P\{拒绝 H_0 | H_0 为真\}=1-\alpha.$$

3. 0.15.

解 统计值落入拒绝域中的概率即显著性水平 α，也即犯第一类错误的概率，故应填 0.15.

二、1. D.

解 第二类错误为“取伪”，即 H_0 不真，但接受 H_0. 因此选 D.

2. B.

解 第一类错误为“拒真”，即 H_0 为真，但拒绝 H_0，相当于备择假设 H_1 不真，但是接受了 H_1. 因此选 B.

3. C.

解 显著性水平 α，是假设检验中 H_0 为真时构造的小概率事件的概率，如果小概率事件发生则拒绝 H_0. 从另一方面来讲，α 即犯第一类错误“弃真”的概率. 因此选 C.

4. A.

解 无论 σ^2 已知或者未知，即无论选取 U 统计量还是 T 统计量，当 α 变小时，拒绝域更小，在原显著性水平下能接受 H_0，现在也能接受，因此选 A.

5. D.

解 μ 未知时检验 σ^2，应选取统计量 $\chi^2=\dfrac{(n-1)S^2}{\sigma_0^2}\sim\chi^2(n-1)$. 因此选 D.

三、1. **解** 设 $X\sim N(\mu,\sigma^2)$，$H_0: \mu=52.0$，$H_1: \mu\neq 52.0$. 选择检验统计量为 $T=\dfrac{\overline{X}-52.0}{S/\sqrt{n}}\sim t(n-1)$，拒绝域为 $|T|>t_{\frac{\alpha}{2}}(n-1)=2.571$，$\alpha=0.05$，查表得 $t_{0.025}(5)=2.571$. 根据样本值计算得 $\bar{x}=51.5$，$s^2=8.9$. 代入数据，得 $t=\dfrac{51.5-52.0}{\sqrt{8.9}/\sqrt{6}}\approx-0.41$. 因为 $|t|\approx 0.41<2.571$，没有落入拒绝域中，所以接受 H_0，即可以认为这种钢筋的平均强度为 $52.0\mathrm{kg/mm^2}$.

2. **解** 机器正常有两个标准，一是罐头重量的均值为 500g，另一是标准差不超过 8g，又已知罐头重量 $X\sim N(\mu,\sigma^2)$，则需要检验两个问题：

(1) σ^2 未知，$H_0: \mu=500$，$H_1: \mu\neq 500$；

(2) 检验 $H_0: \sigma^2\leqslant 8$，$H_1: \sigma^2>8$.

先检验(1) $H_0: \mu=500$，$H_1: \mu\neq 500$.

σ^2 未知，选择检验统计量 $T=\dfrac{\overline{X}-500}{S/\sqrt{25}}\sim t(25-1)$，$\alpha=0.05$，拒绝域为 $|T|>t_{\frac{\alpha}{2}}(n-1)$，代入数据得 $|t|=1.25<t_{0.025}(24)=2.064$，所以可以认为罐头的重量为 500g.

再检验(2) $H_0: \sigma^2\leqslant 8$，$H_1: \sigma^2>8$.

选择检验统计量 $\chi^2=\frac{(n-1)S^2}{\sigma^2}\sim\chi^2(n-1)$，则拒绝域为 $|\chi^2|>\chi^2_{0.05}(24)=36.4$，代数计算得 $\chi^2=\frac{24\times8^2}{8^2}=24<36.4$，没有落入拒绝域中.

因此不拒绝假设，认为以上两个假设都被接受，可以认为及其工作正常.

3. **解** 据题意需检验假设 $H_0:\sigma^2=\sigma_0^2=0.108^2$，$H_1:\sigma^2\neq\sigma_0^2=0.108^2$. 选择检验统计量 $\chi^2=\frac{(n-1)S^2}{\sigma_0^2}\sim\chi^2(4)$，则拒绝域为

$$\chi^2>\chi^2_{\alpha/2}(4)=\chi^2_{0.025}(4)=11.1,\quad \chi^2<\chi^2_{1-\alpha/2}(4)=\chi^2_{0.975}(4)=0.484.$$

代入已知数据 $\bar{x}=\frac{1}{5}\sum_{i=1}^{5}x_i=4.456$，$S^2=\frac{1}{5-1}\sum_{i=1}^{5}(x_i-\bar{x})^2=0.00138$，$\chi^2=\frac{(5-1)S^2}{\sigma_0^2}=0.508>0.484$，没有落入拒绝域中，于是接受 H_0，认为总体方差无显著差异.

4. **解** 设该次考试的考生成绩为 X，则 $X\sim N(\mu,\sigma^2)$，且 σ^2 未知.

根据题意建立假设 $H_0:\mu=\mu_0=70$，$H_1:\mu\neq70$，选取检验统计量 $T=\frac{\overline{X}-\mu_0}{S/\sqrt{n}}$. 当 H_0 成立时，$\mu=\mu_0=70$，有 $T=\frac{\overline{X}-70}{S/\sqrt{36}}\sim t(35)$，由已知 $\overline{X}=66.5$，$S=15$，从而

$$|t|=\left|\frac{66.5-70}{15/\sqrt{36}}\right|=|-1.4|<2.0301=t_{0.025}(35),$$

没有落入拒绝域中，因此接受 H_0，即在显著性水平 0.05 下，认为这次考试全体考生的平均成绩为 70 分.

附录 1

2016—2023年全国硕士研究生入学统一考试数学(一)概率论与数理统计部分试题及答案

2016 年全国硕士研究生入学统一考试数学(一)概率论与数理统计部分试题

一、选择题

1. 设随机变量 $X \sim N(\mu,\sigma^2)(\sigma>0)$,记 $p=P\{X<\mu+\sigma^2\}$,则(　　).

A. p 随着 μ 的增加而增加　　B. p 随着 σ 的增加而增加

C. p 随着 μ 的增加而减小　　D. p 随着 σ 的增加而减小

2. 随机试验 E 有三种两两不相容的结果 A_1,A_2,A_3,且三种结果发生的概率均为 $\frac{1}{3}$,将试验 E 独立重复做两次,X 表示两次试验中结果 A_1 发生的次数,Y 表示两次试验中结果 A_2 发生的次数,则 X 与 Y 的相关系数为(　　).

A. $-\frac{1}{2}$　　B. $-\frac{1}{3}$　　C. $\frac{1}{2}$　　D. $\frac{1}{3}$

二、填空题

设 $X_1,X_2,\cdots,X_n$ 为来自 $N(\mu,\sigma^2)$ 的简单随机样本,样本均值 $\bar{x}=9.5$,参数 μ 的置信度为 0.95 的置信区间的上限为 10.8,则 μ 的置信度为 0.95 的置信区间为________.

三、解答题

1. 设二维随机变量 (X,Y) 在区域 $D=\{(x,y)\mid 0<x<1,x^2<y<\sqrt{x}\}$ 上服从均匀分布,令 $U=\begin{cases}1, & X\leqslant Y,\\ 0, & X>Y.\end{cases}$

(1)写出 (X,Y) 的概率密度;

(2)问 U 与 X 是否相互独立,并说明理由;

(3)求 $Z=U+X$ 的分布函数 $F(z)$.

2. 设总体 X 的概率密度 $f(x,\theta)=\begin{cases}\dfrac{3x^2}{\theta^3}, & 0<x<\theta,\\ 0, & 其他,\end{cases}$ 其中 $\theta\in(0,+\infty)$ 为未知参数,X_1,X_2,X_3 为来自总体 X 的简单随机样本,令 $T=\max\{X_1,X_2,X_3\}$.

(1) 求 T 的概率密度;

(2) 确定 a,使 aT 为 θ 的无偏估计.

2017年全国硕士研究生入学统一考试数学(一)概率论与数理统计部分试题

一、选择题

1. 设 A,B 为随机事件,若 $0<P(A)<1,0<P(B)<1$,则 $P(A|B)>P(A|\overline{B})$ 的充分必要条件是(　　).

A. $P(B|A)>P(B|\overline{A})$　　B. $P(B|A)<P(B|\overline{A})$

C. $P(\overline{B}|A)>P(B|\overline{A})$　　D. $P(\overline{B}|A)<P(B|\overline{A})$

2. 设 $X_1,X_2,\cdots,X_n(n\geqslant 2)$ 为来自总体 $N(\mu,1)$ 的简单随机样本,记 $\overline{X}=\frac{1}{n}\sum_{i=1}^{n}X_i$,则下列结论不正确的是(　　).

A. $\sum_{i=1}^{n}(X_i-\mu)^2$ 服从 χ^2 分布　　B. $2(X_n-X_1)^2$ 服从 χ^2 分布

C. $\sum_{i=1}^{n}(X_i-\overline{X})^2$ 服从 χ^2 分布　　D. $n(\overline{X}-\mu)^2$ 服从 χ^2 分布

二、填空题

设随机变量 X 的分布函数为 $F(x)=0.5\Phi(x)+0.5\Phi(\frac{x-4}{2})$,其中 $\Phi(x)$ 为标准正态分布函数,则 $E(X)=$________.

三、解答题

1. 设随机变量 X,Y 相互独立,且 X 的概率分布为 $P\{X=0\}=P\{X=1\}=\frac{1}{2}$,$Y$ 的概率密度为 $f(y)=\begin{cases}2y, & 0<y<1,\\ 0, & 其他.\end{cases}$

(1) 求 $P\{Y\leqslant E(Y)\}$;

(2) 求 $Z=X+Y$ 的概率密度.

2. 某工程师为了解一台天平的精度,用该天平对一物体的质量进行了 n 次测量,该物体的质量 μ 已知,设 n 次测量结果 $X_1,X_2,\cdots,X_n$ 相互独立且均服从正态分布 $N(\mu,\sigma^2)$,该工程师记录的是 n 次测量的绝对误差 $Z_i=|X_i-\mu|(i=1,2,\cdots,n)$,利用 $Z_1,Z_2,\cdots,Z_n$ 估计 σ.

(1) 求 Z_1 的概率密度;

(2) 利用一阶矩求 σ 的矩估计量;

(3) 求 σ 的最大似然估计.

2018年全国硕士研究生入学统一考试数学(一)概率论与数理统计部分试题

一、选择题

1. 设随机变量 X 的概率密度 $f(x)$ 满足 $f(1-x)=f(1+x)$,且 $\int_0^2 f(x)\mathrm{d}x=0.6$,则 $P\{X<0\}=$(　　).

A. 0.2　　B. 0.3　　C. 0.4　　D. 0.5

2. 设总体 X 服从正态分布 $N(\mu,\sigma^2)$，$X_1,X_2,\cdots,X_n$ 是来自总体 X 的简单随机样本，据此样本检验假设 $H_0:\mu=\mu_0$，$H_1:\mu\neq\mu_0$，则（　）.

A. 如果在检验水平 $\alpha=0.05$ 下拒绝 H_0，那么在检验水平 $\alpha=0.01$ 下必拒绝 H_0

B. 如果在检验水平 $\alpha=0.05$ 下拒绝 H_0，那么在检验水平 $\alpha=0.01$ 下必接受 H_0

C. 如果在检验水平 $\alpha=0.05$ 下接受 H_0，那么在检验水平 $\alpha=0.01$ 下必拒绝 H_0

D. 如果在检验水平 $\alpha=0.05$ 下接受 H_0，那么在检验水平 $\alpha=0.01$ 下必接受 H_0

二、填空题

设随机事件 A 与 B 相互独立，A 与 C 相互独立，$BC=\varnothing$，$P(A)=P(B)=\dfrac{1}{2}$，$P(AC\mid AB\cup C)=\dfrac{1}{4}$，则 $P(C)=$________.

三、解答题

1. 设随机变量 X,Y 相互独立，X 的概率分布为 $P\{X=1\}=P\{X=-1\}=\dfrac{1}{2}$，$Y$ 服从参数为 λ 的泊松分布，令 $Z=XY$.

(1) 求 $\mathrm{Cov}(X,Z)$；

(2) 求 Z 的概率分布.

2. 设总体 X 的概率密度为 $f(x;\sigma)=\dfrac{1}{2\sigma}\mathrm{e}^{-\frac{|x|}{\sigma}}$，$-\infty<x<+\infty$，其中 $\sigma\in(0,+\infty)$ 为未知参数，$X_1,X_2,\cdots,X_n$ 为来自总体 X 的简单随机样本，记 σ 的最大似然估计量为 $\hat{\sigma}$.

(1) 求 $\hat{\sigma}$；

(2) 求 $E(\hat{\sigma})$ 和 $D(\hat{\sigma})$.

2019 年全国硕士研究生入学统一考试数学（一）概率论与数理统计部分试题

一、选择题

1. 设 A,B 为随机事件，则 $P(A)=P(B)$ 的充分必要条件是（　）.

A. $P(A\cup B)=P(A)+P(B)$　　B. $P(AB)=P(A)P(B)$

C. $P(A\overline{B})=P(B\overline{A})$　　D. $P(AB)=P(\overline{AB})$

2. 设随机变量 X 与 Y 相互独立，且均服从正态分布 $N(\mu,\sigma^2)$，则 $P\{|X-Y|<1\}$（　）.

A. 与 μ 无关，而与 σ^2 有关　　B. 与 μ 有关，而与 σ^2 无关

C. 与 μ,σ^2 都有关　　D. 与 μ,σ^2 都无关

二、填空题

设随机变量 X 的概率密度为 $f(x)=\begin{cases}\dfrac{x}{2}, & 0<x<2,\\ 0, & \text{其他},\end{cases}$ $F(x)$ 为其分布函数，$E(X)$ 为其数学期望，则 $P\{F(X)>E(X)-1\}=$________.

三、解答题

1. 设随机变量 X 与 Y 相互独立,X 服从参数为 1 的指数分布,Y 的概率分布为:$P\{Y=-1\}=p, P\{Y=1\}=1-p(0<p<1)$. 令 $Z=XY$.

(1) 求 Z 的概率密度;

(2) p 为何值时,X 与 Z 不相关;

(3) 此时,X 与 Z 是否相互独立.

2. 设总体 X 的概率密度为 $f(x)=\begin{cases}\dfrac{A}{\sigma}e^{-\frac{(x-\mu)^2}{2\sigma^2}}, & x\geqslant\mu,\\ 0, & x<\mu,\end{cases}$ 其中 μ 是已知参数,$\sigma>0$ 是未知参数,A 是常数,$X_1,X_2,\cdots,X_n$ 是来自总体 X 的简单随机样本.

(1) 求常数 A 的值;

(2) 求 σ^2 的最大似然估计量.

2020 年全国硕士研究生入学统一考试数学(一)概率论与数理统计部分试题

一、选择题

1. 设 A,B,C 为三个随机事件,且 $P(A)=P(B)=P(C)=\dfrac{1}{4}$, $P(AB)=0$, $P(AC)=P(BC)=\dfrac{1}{12}$,则 A,B,C 中恰有一个事件发生的概率为( ).

A. $\dfrac{3}{4}$ B. $\dfrac{2}{3}$ C. $\dfrac{1}{2}$ D. $\dfrac{5}{12}$

2. 设 $X_1,X_2,\cdots,X_{100}$ 是来自总体 X 的简单随机样本,其中 $P\{X=0\}=P\{X=1\}=\dfrac{1}{2}$,$\Phi(x)$表示标准正态分布函数,则利用中心极限定理可得 $P\{\sum\limits_{i=1}^{100}X_i\leqslant 55\}$ 的近似值为( ).

A. $1-\Phi(1)$ B. $\Phi(1)$ C. $1-\Phi(0.2)$ D. $\Phi(0.2)$

二、填空题

已知随机变量 X 服从区间 $\left[-\dfrac{\pi}{2},\dfrac{\pi}{2}\right]$ 内的均匀分布,$Y=\sin X$,则 $\mathrm{Cov}(X,Y)=$ ________.

三、解答题

1. 设随机事件 X_1,X_2,X_3 相互独立,其中 X_1,X_2 均服从标准正态分布,X_3 的概率分布为 $P\{X_3=0\}=P\{X_3=1\}=\dfrac{1}{2}$,$Y=X_3X_1+(1-X_3)X_2$.

(1) 求二维随机变量(X_1,Y)的分布函数,结果用标准正态分布 $\Phi(x)$表示;

(2) 证明随机变量 Y 服从标准正态分布.

2. 设某种元件的使用寿命 T 的分布函数为

$$F(t)=\begin{cases}1-e^{-(t/\theta)^m}, & t\geqslant 0,\\ 0, & \text{其他},\end{cases}$$

其中 θ,m 为参数且均大于零.

(1) 求 $P\{T>t\}$ 与 $P\{T>s+t|T>s\}$,其中 $s>0,t>0$;

(2) 任取 n 个这种元件做寿命试验,测得它们的寿命分别为 $t_1,t_2,\cdots,t_n$,若 m 已知,求 θ 的最大似然估计 $\hat{\theta}$.

2021 年全国硕士研究生入学统一考试数学(一)概率论与数理统计部分试题

一、选择题

1. 设 A,B 为随机事件,且 $0<P(B)<1$,则下列命题不成立的是( ).

A. 若 $P(A|B)=P(A)$,则 $P(A|\overline{B})=P(A)$

B. 若 $P(A|B)>P(A)$,则 $P(\overline{A}|\overline{B})>P(A)$

C. 若 $P(A|B)>P(A|\overline{B})$,则 $P(A|B)>P(A)$

D. 若 $P(A|A\cup B)>P(\overline{A}|A\cup B)$,则 $P(A)>P(B)$

2. 设 $(X_1,Y_1),(X_2,Y_2),\cdots,(X_n,Y_n)$ 为来自总体 $N(\mu_1,\mu_2;\sigma_1^2,\sigma_2^2;\rho)$ 的简单随机样本,令 $\theta=\mu_1-\mu_2,\overline{X}=\frac{1}{n}\sum_{i=1}^{n}X_i,\overline{Y}=\frac{1}{n}\sum_{i=1}^{n}Y_i,\hat{\theta}=\overline{X}-\overline{Y}$,则( ).

A. $\hat{\theta}$ 是 θ 的无偏估计,$D(\hat{\theta})=\frac{\sigma_1^2+\sigma_2^2}{n}$

B. $\hat{\theta}$ 不是 θ 的无偏估计,$D(\hat{\theta})=\frac{\sigma_1^2+\sigma_2^2}{n}$

C. $\hat{\theta}$ 是 θ 的无偏估计,$D(\hat{\theta})=\frac{\sigma_1^2+\sigma_2^2-2\rho\sigma_1\sigma_2}{n}$

D. $\hat{\theta}$ 不是 θ 的无偏估计,$D(\hat{\theta})=\frac{\sigma_1^2+\sigma_2^2-2\rho\sigma_1\sigma_2}{n}$

3. 设 $X_1,X_2,\cdots,X_{16}$ 是来自总体 $N(\mu,4)$ 的简单随机样本,考虑假设检验问题:

$$H_0:\mu\leqslant 10,\qquad H_1:\mu>10.$$

$\Phi(x)$ 表示标准正态分布函数,若该检验问题的拒绝域为 $W=\{\overline{X}\geqslant 11\}$,其中 $\overline{X}=\frac{1}{16}\sum_{i=1}^{16}X_i$,则 $\mu=11.5$ 时,该检验犯第二类错误的概率为( ).

A. $1-\Phi(0.5)$ B. $1-\Phi(1)$ C. $1-\Phi(1.5)$ D. $1-\Phi(2)$

二、填空题

甲乙两个盒子各装有两个红球和两个白球,先从甲盒中任取一球,观察颜色后放入乙盒中,再从乙盒中任取一球.令 X,Y 分别表示从甲盒和乙盒中取到的红球个数,则 X 与 Y 的相关系数为________.

三、解答题

在区间(0,2)内随机取一点,将该区间分成两段,较短的一段的长度记作 X,较长的一段记作 Y,令 $Z=\frac{Y}{X}$.求:

(1) X 的概率密度;

(2) Z 的概率密度；

(3) $E\left(\frac{X}{Y}\right)$.

2022 年全国硕士研究生入学统一考试数学(一)概率论与数理统计部分试题

一、选择题

1. 设随机变量 $X\sim U(0,3)$,随机变量 Y 服从参数为 2 的泊松分布,且 X 与 Y 的协方差为-1,则 $D(2X-Y+1)=($ $)$.

A. 1　　B. 5　　C. 9　　D. 12

2. 设随机变量 $X_1,X_2,\cdots,X_n$ 独立同分布,且 X_1 的 4 阶矩存在,记 $\mu_k=E(X_1^k)(k=1,2,3,4)$,则由切比雪夫不等式,对 $\forall\varepsilon>0$,有 $P\left\{\left|\frac{1}{n}\sum_{i=1}^{n}X_i^2-\mu_2\right|\geqslant\varepsilon\right\}\leqslant($ $)$.

A. $\frac{\mu_4-\mu_2^2}{n\varepsilon^2}$　　B. $\frac{\mu_4-\mu_2^2}{\sqrt{n}\varepsilon^2}$　　C. $\frac{\mu_2-\mu_1^2}{n\varepsilon^2}$　　D. $\frac{\mu_2-\mu_1^2}{\sqrt{n}\varepsilon^2}$

3. 设随机变量 $X\sim N(0,1)$,在 $X=x$ 的条件下,随机变量 $Y\sim N(x,1)$,则 X 与 Y 的相关系数为(　　).

A. $\frac{1}{4}$　　B. $\frac{1}{2}$　　C. $\frac{\sqrt{3}}{3}$　　D. $\frac{\sqrt{2}}{2}$

二、填空题

设 A,B,C 为三个随机事件,且 A 与 B 互不相容,A 与 C 互不相容,B 与 C 相互独立,且 $P(A)=P(B)=P(C)=\frac{1}{3}$,则 $P(B\cup C|A\cup B\cup C)=$ ________.

三、解答题

设 $X_1,X_2,\cdots,X_n$ 为来自均值为 θ 的指数分布总体的简单随机样本, $Y_1,Y_2,\cdots,Y_m$ 为来自均值为 2θ 的指数分布总体的简单随机样本,且两样本相互独立,其中 $\theta(\theta>0)$是未知参数,利用样本 $X_1,X_2,\cdots,X_n;Y_1,Y_2,\cdots,Y_m$,求 θ 的最大似然估计量 $\hat{\theta}$,并求 $D(\hat{\theta})$.

2023 年全国硕士研究生入学统一考试数学(一)概率论与数理统计部分试题

一、选择题

1. 设随机变量 X 服从参数为 1 的泊松分布,则 $E(|X-EX|)=($ $)$.

A. $\frac{1}{\mathrm{e}}$　　B. $\frac{1}{2}$　　C. $\frac{2}{\mathrm{e}}$　　D. 1

2. 设 $X_1,X_2,\cdots,X_n$ 为来自总体 $N(\mu_1,\sigma^2)$的简单随机样本,$Y_1,Y_2,\cdots,Y_m$ 为来自总体 $N(\mu_2,2\sigma^2)$的简单随机样本,且两样本相互独立,记 $\overline{X}=\frac{1}{n}\sum_{i=1}^{n}X_i$,$\overline{Y}=\frac{1}{m}\sum_{i=1}^{m}Y_i$,$S_1^2=\frac{1}{n-1}\sum_{i=1}^{n}(X_i-\overline{X})^2$,$S_2^2=\frac{1}{m-1}\sum_{i=1}^{m}(Y_i-\overline{Y})^2$,则(　　).

A. $\frac{S_1^2}{S_2^2}\sim F(n,m)$　　B. $\frac{S_1^2}{S_2^2}\sim F(n-1,m-1)$

C. $\frac{2S_1^2}{S_2^2}\sim F(n,m)$　　D. $\frac{2S_1^2}{S_2^2}\sim F(n-1,m-1)$

3. 设 X_1,X_2 为取自总体 $N(\mu,\sigma^2)$ 的简单随机样本，其中 $\sigma(\sigma>0)$ 是未知参数，若 $\hat{\sigma}=a|X_1-X_2|$ 为 σ 的无偏估计，则 $a=$(　　).

A. $\frac{\sqrt{\pi}}{2}$　　B. $\frac{\sqrt{2\pi}}{2}$　　C. $\sqrt{\pi}$　　D. $\sqrt{2\pi}$

二、填空题

设随机变量 X 与 Y 相互独立，且 $X\sim b\left(1,\frac{1}{3}\right)$，$Y\sim b\left(2,\frac{1}{2}\right)$，则 $P\{X=Y\}=$________.

三、解答题

设二维随机变量 (X,Y) 的概率密度为

$$f(x,y)=\begin{cases}\frac{2}{\pi}(x^2+y^2), & x^2+y^2\leqslant 1,\\ 0, & \text{其他}.\end{cases}$$

(1) 求 X 与 Y 的协方差与方差；

(2) X 与 Y 是否相互独立？

(3) 求 $Z=X^2+Y^2$ 的概率密度.

2016年全国硕士研究生入学统一考试数学(一)概率论与数理统计部分试题答案

一、1. B.　　2. A.

二、(8.2,10.8).

三、1. **解**　(1)区域 D 的面积为 $S_D=\int_0^1(\sqrt{x}-x^2)\,\mathrm{d}x=\frac{1}{3}$，$(X,Y)$ 在 D 上服从均匀分布，所以 (X,Y) 的概率密度为 $f(x,y)=\begin{cases}3, & 0<x<1,x^2<y<\sqrt{x},\\ 0, & \text{其他}.\end{cases}$

(2) U 与 X 不独立. 因为

$$P\left\{U\leqslant\frac{1}{2},X\leqslant\frac{1}{2}\right\}=P\left\{U=0,X\leqslant\frac{1}{2}\right\}=P\left\{X>Y,X\leqslant\frac{1}{2}\right\}=\int_0^{\frac{1}{2}}3(x-x^2)\mathrm{d}x=\frac{1}{4},$$

$$P\left\{U\leqslant\frac{1}{2}\right\}=P\{X>Y\}=\int_0^1 3(x-x^2)\mathrm{d}x=\frac{1}{2},$$

$$P\left\{X\leqslant\frac{1}{2}\right\}=\int_0^{\frac{1}{2}}3(x-x^2)\mathrm{d}x=\frac{\sqrt{2}}{2}-\frac{1}{8}.$$

从而 $P\left\{U\leqslant\frac{1}{2},X\leqslant\frac{1}{2}\right\}\neq P\left\{U\leqslant\frac{1}{2}\right\}P\left\{X\leqslant\frac{1}{2}\right\}$，所以 U 与 X 不独立.

(3) Z 的分布函数为

$$\begin{aligned}F(z)&=P\{U+X\leqslant z\}\\&=P\{U+X\leqslant z|U=0\}P\{U=0\}+P\{U+X\leqslant z|U=1\}P\{U=1\}\\&=P\{X\leqslant z,X>Y\}+P\{1+X\leqslant z,X\leqslant Y\}.\end{aligned}$$

当 $z<0$ 时，$P\{X\leqslant z,X>Y\}=P\{1+X\leqslant z,X\leqslant Y\}=0$，故 $F(z)=0$；

当 $0\leqslant z<1$ 时，$P\{X\leqslant z,X>Y\}=3\int_0^z(x-x^2)\mathrm{d}x=\frac{3}{2}z^2-z^3$，$P\{1+X\leqslant z,X\leqslant Y\}=0$，

故 $F(z)=\frac{3}{2}z^2-z^3$；

当 $1\leqslant z<2$ 时，$P\{X\leqslant z,X>Y\}=\frac{1}{2}$，$P\{X\leqslant z-1,X\leqslant Y\}=3\int_0^{z-1}(\sqrt{x}-x)\mathrm{d}x=2(z-1)^{\frac{3}{2}}-\frac{3}{2}(z-1)^2$，

故 $F(z)=\frac{1}{2}+2(z-1)^{\frac{3}{2}}-\frac{3}{2}(z-1)^2$；

当 $z\geqslant 2$ 时，$P\{X\leqslant z,X>Y\}=P\{1+X\leqslant z,X\leqslant Y\}=\frac{1}{2}$，$F(z)=1$.

综上得 $Z=U+X$ 的分布函数为

$$F(z)=\begin{cases}0, & z<0,\\ \frac{3}{2}z^2-z^3, & 0\leqslant z<1,\\ \frac{1}{2}+2(z-1)^{\frac{3}{2}}-\frac{3}{2}(z-1)^2, & 1\leqslant z<2,\\ 1, & z\geqslant 2.\end{cases}$$

2. **解** (1)由题意知 X_1,X_2,X_3 独立同分布，所以 T 的分布函数为

$$\begin{aligned}F_T(t)&=P\{T\leqslant t\}=P\{\max\{X_1,X_2,X_3\}\leqslant t\}\\&=P\{X_1\leqslant t\}P\{X_2\leqslant t\}P\{X_3\leqslant t\}=(P\{X\leqslant t\})^3.\end{aligned}$$

当 $t<0$ 时，$F_T(t)=0$；当 $0\leqslant t<\theta$ 时，$F_T(t)=\left[\int_0^t\frac{3x^2}{\theta^3}\mathrm{d}x\right]^3=\frac{t^9}{\theta^9}$；当 $t\geqslant\theta$ 时，$F_T(t)=1$. 所以 T 的分布函数为

$$F_T(t)=\begin{cases}0, & t<0,\\ \frac{t^9}{\theta^9}, & 0\leqslant t<\theta,\\ 1, & t\geqslant\theta.\end{cases}$$

对应的概率密度函数为

$$f_T(t)=\begin{cases}\frac{9t^8}{\theta^9}, & 0\leqslant t<\theta,\\ 0, & \text{其他}.\end{cases}$$

(2) $E(T)=\int_{-\infty}^{+\infty}tf_T(t)\mathrm{d}t=\int_0^\theta\frac{9t^9}{\theta^9}\mathrm{d}t=\frac{9\theta}{10}$，$E(aT)=aE(T)=\frac{9a\theta}{10}$.

若 aT 为 θ 的无偏估计，则有 $\frac{9a\theta}{10}=\theta$，所以 $a=\frac{10}{9}$.

2017年全国硕士研究生入学统一考试数学(一)概率论与数理统计部分试题答案

一、1. A.　　2. B.

二、2.

三、1. **解** (1) $E(Y)=\int_{-\infty}^{+\infty}yf(y)\mathrm{d}y=\int_0^1 2y^2\mathrm{d}y=\frac{2}{3}$,

$$P\{Y\leqslant E(Y)\}=P\left\{Y\leqslant \frac{2}{3}\right\}=\int_0^{\frac{2}{3}}2y\mathrm{d}y=\frac{4}{9}.$$

(2) 设 Z 的分布函数为 $F_Z(z)$，由于 X 与 Y 相互独立，

$$\begin{aligned}F_Z(z)&=P\{Z\leqslant z\}=P\{X+Y\leqslant z\}\\&=P\{X+Y\leqslant z\mid X=0\}P\{X=0\}+P\{X+Y\leqslant z\mid X=2\}P\{X=2\}\\&=\frac{1}{2}P\{Y\leqslant z\mid X=0\}+\frac{1}{2}P\{Y\leqslant z-2\mid X=2\}\\&=\frac{1}{2}P\{Y\leqslant z\}+\frac{1}{2}P\{Y\leqslant z-2\}.\end{aligned}$$

当 $z<0$ 时，$F_Z(z)=0$；当 $0\leqslant z<1$ 时，$F_Z(z)=\frac{1}{2}P\{Y\leqslant z\}=\frac{z^2}{2}$；当 $1\leqslant z<2$ 时，$F_Z(z)=\frac{1}{2}$；当 $2\leqslant z<3$ 时，$F_Z(z)=\frac{1}{2}+\frac{1}{2}P\{Y\leqslant z-2\}=\frac{1}{2}+\frac{(z-2)^2}{2}$；当 $z\geqslant 3$ 时，$F_Z(z)=1$. 所以 $Z=X+Y$ 的概率密度函数为

$$f_Z(z)=\begin{cases}z, & 0<z<1,\\ z-2, & 2<z<3,\\ 0, & \text{其他}.\end{cases}$$

2. **解** (1) Z_1 的分布函数为 $F(z)=P\{Z_1\leqslant z\}=P\{|X_1-\mu|\leqslant z\}$.

当 $z<0$ 时，$F(z)=0$；当 $z\geqslant 0$ 时，$F(z)=P\{-z\leqslant X_1-\mu\leqslant z\}=P\left\{\frac{-z}{\sigma}\leqslant\frac{X_1-\mu}{\sigma}\leqslant\frac{z}{\sigma}\right\}=2\Phi\left(\frac{z}{\sigma}\right)-1$，所以 $F(z)=\begin{cases}2\Phi\left(\frac{z}{\sigma}\right)-1, & z\geqslant 0,\\ 0, & \text{其他},\end{cases}$ 由于标准正态分布的概率密度函数为

$$\varphi(x)=\frac{1}{\sqrt{2\pi}}\mathrm{e}^{-\frac{x^2}{2}},\quad -\infty<x<+\infty,$$

所以 Z_1 的概率密度函数为 $f(z)=F'(z)=\begin{cases}\frac{2}{\sqrt{2\pi}\sigma}\mathrm{e}^{-\frac{z^2}{2\sigma^2}}, & z\geqslant 0,\\ 0, & \text{其他}.\end{cases}$

(2) $E(Z_1)=\int_{-\infty}^{+\infty}zf(z)\mathrm{d}z=\frac{2}{\sqrt{2\pi}\sigma}\int_0^{+\infty}z\mathrm{e}^{-\frac{z^2}{2\sigma^2}}\mathrm{d}z=\frac{2}{\sqrt{2\pi}}\sigma.$

令 $\overline{Z}=\frac{1}{n}\sum_{i=1}^{n}Z_i$，$E(Z_1)=\overline{Z}$，$\sigma=\frac{\sqrt{2\pi}}{2}E(Z_1)$，解得 σ 的矩估计量为 $\sigma=\frac{\sqrt{2\pi}}{2}\overline{Z}$.

(3) 设 $z_1,z_2,\cdots,z_n$ 为 $Z_1,Z_2,\cdots,Z_n$ 的观察值，则似然函数为

$$L(\sigma)=\prod_{i=1}^{n}f(z_i)=\left(\frac{2}{\sqrt{2\pi}}\right)^n\sigma^{-n}\mathrm{e}^{-\frac{1}{2\sigma^2}\sum_{i=1}^{n}z_i^2}.$$

对数似然函数为 $\ln L(\sigma)=n\ln\left(\frac{2}{\sqrt{2\pi}}\right)-n\ln\sigma-\frac{1}{2\sigma^2}\sum_{i=1}^{n}z_i^2$.

令 $\frac{\mathrm{d}\ln L(\sigma)}{\mathrm{d}\sigma}=-\frac{n}{\sigma}+\frac{1}{\sigma^3}\sum_{i=1}^{n}z_i^2=0$,得 σ 的最大似然估计值为 $\hat{\sigma}=\sqrt{\frac{1}{n}\sum_{i=1}^{n}z_i^2}$,所以 σ 的最大似然估计量为 $\hat{\sigma}=\sqrt{\frac{1}{n}\sum_{i=1}^{n}Z_i^2}=\sqrt{\frac{1}{n}\sum_{i=1}^{n}(X_i-\mu)^2}$.

2018 年全国硕士研究生入学统一考试数学(一)概率论与数理统计部分试题答案

一、1. A.　　2. D.

二、$\frac{1}{4}$.

三、1. **解**　(1) 由 X,Y 相互独立,可得 $E(XY)=E(X)E(Y)$. 由协方差计算公式可知

$$\begin{aligned}\mathrm{Cov}(X,Z)&=E(XZ)-E(X)E(Z)=E(X^2Y)-E(X)E(XY)\\&=E(X^2)E(Y)-[E(X)]^2E(Y),\end{aligned}$$

其中 $E(X)=0,E(X^2)=1,E(Y)=\lambda$,代入上式得 $\mathrm{Cov}(X,Z)=\lambda$.

(2) 由于 X 的可能取值为 $1,-1$,Y 的分布列为 $P\{Y=k\}=\frac{\lambda^k\mathrm{e}^{-\lambda}}{k!}$,$k=0,1,2,\cdots$,故 Z 的可能取值为 $0,\pm1,\pm2,\cdots$,Z 的概率分布为

$$\begin{aligned}P\{Z=k\}&=P\{XY=k\}=P\{X=-1,Y=-k\}+P\{X=1,Y=k\}\\&=\frac{1}{2}P\{Y=k\}=\frac{1}{2}\frac{\lambda^k\mathrm{e}^{-\lambda}}{k!},k=1,2,\cdots,\end{aligned}$$

$$P\{Z=0\}=P\{X=1,Y=0\}+P\{X=-1,Y=0\}=\frac{1}{2}P\{Y=0\}+\frac{1}{2}P\{Y=0\}=\mathrm{e}^{-\lambda},$$

$$P\{Z=k\}=P\{X=-1,Y=-k\}=\frac{1}{2}P\{Y=-k\}=\frac{1}{2}\frac{\lambda^{-k}\mathrm{e}^{-\lambda}}{(-k)!},k=-1,-2,\cdots.$$

2. **解**　(1)似然函数为　$L(\sigma)=\prod_{i=1}^{n}f(x_i;\sigma)=\frac{1}{2^n}\sigma^{-n}\mathrm{e}^{-\frac{1}{\sigma}\sum_{i=1}^{n}|x_i|}$,取对数可得

$$\ln L(\sigma)=-n\ln2-n\ln\sigma-\frac{1}{\sigma}\sum_{i=1}^{n}|x_i|.$$

令 $\frac{\mathrm{d}\ln L(\sigma)}{\mathrm{d}\sigma}=-\frac{n}{\sigma}+\frac{1}{\sigma^2}\sum_{i=1}^{n}|x_i|=0$,解得 σ 的最大似然估计值为 $\hat{\sigma}=\frac{1}{n}\sum_{i=1}^{n}|x_i|$,则 σ 的最大似然估计量为 $\hat{\sigma}=\frac{1}{n}\sum_{i=1}^{n}|X_i|$.

$$\begin{aligned}(2)\ E(\hat{\sigma})&=E\left(\frac{1}{n}\sum_{i=1}^{n}|X_i|\right)=\frac{1}{n}\sum_{i=1}^{n}E(|X_i|)=E(|X_i|)=E(|X|)\\&=\int_{-\infty}^{+\infty}|x|\frac{1}{2\sigma}\mathrm{e}^{-\frac{|x|}{\sigma}}\mathrm{d}x=\int_0^{+\infty}x\frac{1}{\sigma}\mathrm{e}^{-\frac{x}{\sigma}}\mathrm{d}x=\sigma.\end{aligned}$$

$D(\hat{\sigma})=D\left(\frac{1}{n}\sum_{i=1}^{n}|X_i|\right)=\frac{1}{n^2}\sum_{i=1}^{n}D(|X_i|)=\frac{1}{n}D(|X_i|)=\frac{1}{n}D(|X|)$,而

$$E(|X|^2)=\int_{-\infty}^{+\infty}\frac{x^2}{2\sigma}e^{-\frac{|x|}{\sigma}}dx=\int_0^{+\infty}\frac{x^2}{\sigma}e^{-\frac{x}{\sigma}}dx=\Gamma(3)\cdot\sigma^2=2\sigma^2,$$

$$D(|X|)=E(X^2)-E^2(|X|)=2\sigma^2-\sigma^2=\sigma^2,$$

故 $D(\hat{\sigma})=\frac{1}{n}D|X|=\frac{\sigma^2}{n}$.

2019年全国硕士研究生入学统一考试数学(一)概率论与数理统计部分试题答案

一、1. C.　　2. A.

二、$\frac{2}{3}$.

三、1. **解**　(1) 显然 X 的概率密度函数为 $f_X(x)=\begin{cases}e^{-x}, & x>0,\\ 0, & x\leqslant 0.\end{cases}$

则 $Z=XY$ 的分布函数为

$$\begin{aligned}F_Z(z)&=P\{Z\leqslant z\}=P\{XY\leqslant z\}=P\{X\leqslant z,Y=1\}+P\{X\geqslant -z,Y=-1\}\\&=(1-p)P\{X\leqslant z\}+pP\{X\geqslant -z\}\\&=(1-p)F_X(z)+p[1-F_X(-z)].\end{aligned}$$

对 z 求导得 $Z=XY$ 的概率密度函数为

$$f_Z(z)=(F_Z(z))'=pf_X(-z)+(1-p)f_X(z)=\begin{cases}pe^z, & z<0,\\ 0, & z=0,\\ (1-p)e^{-z}, & z>0.\end{cases}$$

(2) 显然 $E(X)=1,D(X)=1,E(Y)=1-2p$.

由于 X,Y 相互独立，所以 $E(Z)=E(XY)=E(X)E(Y)=1-2p$,

$$E(XZ)=E(X^2Y)=E(X^2)E(Y)=2-4p,$$

$$\mathrm{Cov}(X,Z)=E(XZ)-E(X)E(Z)=1-2p.$$

要使 X,Z 不相关，必须 $\mathrm{Cov}(X,Z)=1-2p=0$，则 $p=0.5$ 时 X,Z 不相关.

(3) 设事件 $A=\{X>1\}$，事件 $B=\{Z<1\}$，则

$$P(A)=P\{X>1\}=\int_1^{+\infty}e^{-x}dx=e^{-1},$$

$$P(B)=P\{Z<1\}=P\{X>-1,Y=-1\}+P\{X<1,Y=1\}=1-e^{-1}+pe^{-1},$$

$$\begin{aligned}P(AB)&=P\{X>1,Z<1\}=P\{X>1,XY<1\}=P\left\{X>1,Y<\frac{1}{X}\right\}\\&=P\{X>1\}P\{Y=-1\}=pe^{-1},\end{aligned}$$

当 $p=0.5$ 时，显然 $P(AB)\neq P(A)P(B)$，也就是 X,Z 不相互独立.

2. **解**　(1) 由 $\int_{-\infty}^{+\infty}f(x)dx=1$ 可知

$$\int_\mu^{+\infty}\frac{A}{\sigma}e^{-\frac{(x-\mu)^2}{2\sigma^2}}dx=\sqrt{2\pi}A\int_0^{+\infty}\frac{1}{\sqrt{2\pi}\sigma}e^{-\frac{t^2}{2\sigma^2}}dt=\frac{\sqrt{2\pi}}{2}A=1,$$

所以 $A=\sqrt{\frac{2}{\pi}}$.

(2) 当 $x_i \geqslant \mu$ 时,$i=1,2,\cdots,n$,似然函数为 $L(\sigma^2)=\prod_{i=1}^{n} f(x_i,\sigma)=\frac{A^n}{\sigma^n}e^{-\frac{\sum_{i=1}^{n}(x_i-\mu)^2}{2\sigma^2}}$,

取对数得 $\ln L(\sigma^2)=n\ln A-\frac{n}{2}\ln(\sigma^2)-\frac{1}{2\sigma^2}\sum_{i=1}^{n}(x_i-\mu)^2$,

解方程 $\frac{\mathrm{d}\ln L(\sigma^2)}{\mathrm{d}(\sigma^2)}=-\frac{n}{2}\frac{1}{\sigma^2}+\frac{1}{2(\sigma^2)^2}\sum_{i=1}^{n}(x_i-\mu)^2=0$,

得未知参数 σ^2 的最大似然估计值为 $\widehat{\sigma^2}=\frac{1}{n}\sum_{i=1}^{n}(x_i-\mu)^2$,最大似然估计量为

$$\widehat{\sigma^2}=\frac{1}{n}\sum_{i=1}^{n}(X_i-\mu)^2.$$

2020 年全国硕士研究生入学统一考试数学(一)概率论与数理统计部分试题答案

一、1. D. 2. B.

二、$\frac{2}{\pi}$.

三、1. **解** (1)记 (X_1,Y) 的分布函数为 $F(x,y)$,则

$$\begin{aligned}F(x,y)&=P\{X_1\leqslant x,Y\leqslant y\}\\&=P\{X_1\leqslant x,X_3X_1+(1-X_3)X_2\leqslant y\}\\&=P\{X_3=0\}P\{X_1\leqslant x,X_3X_1+(1-X_3)X_2\leqslant y\mid X_3=0\}\\&\quad+P\{X_3=1\}P\{X_1\leqslant x,X_3X_1+(1-X_3)X_2\leqslant y\mid X_3=1\}\\&=\frac{1}{2}P\{X_1\leqslant x,X_2\leqslant y\mid X_3=0\}+\frac{1}{2}P\{X_1\leqslant x,X_1\leqslant y\mid X_3=1\}\\&=\frac{1}{2}P\{X_1\leqslant x,X_2\leqslant y\}+\frac{1}{2}P\{X_1\leqslant x,X_1\leqslant y\}\\&=\frac{1}{2}\Phi(x)\Phi(y)+\frac{1}{2}\Phi(\min\{x,y\})\\&=\begin{cases}\frac{1}{2}\Phi(x)[1+\Phi(y)], & x\leqslant y,\\ \frac{1}{2}\Phi(y)[1+\Phi(x)], & x>y.\end{cases}\end{aligned}$$

(2) 方法1

$$\begin{aligned}F_Y(y)&=P\{Y\leqslant y\}=P\{X_3(X_1-X_2)+X_2\leqslant y\}\\&=\frac{1}{2}P\{X_3(X_1-X_2)+X_2\leqslant y\mid X_3=0\}+\frac{1}{2}P\{X_3(X_1-X_2)+X_2\leqslant y\mid X_3=1\}\\&=\frac{1}{2}P\{X_2\leqslant y\mid X_3=0\}+\frac{1}{2}P\{X_1\leqslant y\mid X_3=1\}\\&=\frac{1}{2}\Phi(y)+\frac{1}{2}\Phi(y)=\Phi(y),\end{aligned}$$

所以 Y 服从标准正态分布.

方法 2

$$F_Y(y)=\lim_{x\to+\infty}P\{x,y\}=\lim_{x\to+\infty}\left\{\frac{1}{2}\Phi(x)\Phi(y)+\frac{1}{2}\Phi(\min\{x,y\})\right\}$$

$$=\frac{1}{2}\Phi(y)+\frac{1}{2}\Phi(y)=\Phi(y).$$

2. **解** (1) $P\{T>t\}=1-P\{T\leqslant t\}=1-F(t)=\mathrm{e}^{-(t/\theta)^m}$,

$$P\{T>s+t\mid T>s\}=\frac{P\{T>s+t,T>s\}}{P\{T>s\}}=\frac{\mathrm{e}^{-[(s+t)/\theta]^m}}{\mathrm{e}^{-(s/\theta)^m}}=\mathrm{e}^{(\frac{s}{\theta})^m-(\frac{s+t}{\theta})^m}.$$

(2) 总体的密度函数 $f(t)=\begin{cases}\dfrac{mt^{m-1}}{\theta^m}\mathrm{e}^{-(\frac{t}{\theta})^m}, & t\geqslant 0,\\ 0, & t<0,\end{cases}$

所以构造的似然函数为

$$L(\theta)=m^n(t_1t_2\cdots t_n)^{m-1}\theta^{-nm}\mathrm{e}^{-\frac{1}{\theta^m}\sum\limits_{i=1}^n t_i^m},$$

取对数得

$$\ln L(\theta)=n\ln m+(m-1)\ln(t_1t_2\cdots t_n)-mn\ln\theta-\frac{1}{\theta^m}\sum_{i=1}^n t_i^m.$$

令 $\dfrac{\mathrm{d}\ln L(\theta)}{\mathrm{d}\theta}=-\dfrac{mn}{\theta}+m\dfrac{1}{\theta^{m+1}}\sum\limits_{i=1}^n t_i^m=0$,

得 θ 的最大似然估计 $\hat{\theta}=m\sqrt{\dfrac{1}{n}\sum\limits_{i=1}^n t_i^m}$.

2021 年全国硕士研究生入学统一考试数学(一)概率论与数理统计部分试题答案

一、1. D.　　2. C.　　3. B.

二、$\dfrac{1}{5}$.

三、**解** (1) 在区间[0,2]上随机取点,其坐标位置记作 L,则 $L\sim U(0,2)$,于是 $X=\min\{L,2-L\},Y=2-X$,从而可知

$$\begin{aligned}F_X(x)&=P\{X\leqslant x\}=P\{\min\{L,2-L\}\leqslant x\}\\&=1-P\{\min\{L,2-L\}>x\}=1-P\{L>x,2-L>x\}\\&=1-P\{x<L<2-x\},\end{aligned}$$

所以当 $x<0$ 时,$F_X(x)=1-P\{x<L<2-x\}=1-1=0$;

当 $0<x\leqslant 1$ 时,则 $F_X(x)=1-P\{x<L<2-x\}=1-\dfrac{2-x-x}{2-0}=x$;

当 $x>1$ 时,则 $F_X(x)=1-P\{x<L<2-x\}=1-0=1$.

所以分布函数为 $F_X(x)=\begin{cases}0, & x<0,\\ x, & 0\leqslant x\leqslant 1,\\ 1, & x>1,\end{cases}$即 $f_X(x)=\begin{cases}1, & 0\leqslant x\leqslant 1,\\ 0, & 其他,\end{cases}$即 $X\sim U[0,1]$.

(2) 由 $Y=2-X$,即 $Z=\frac{2-X}{X}$,则有

$$F_Z(z)=P\{Z\leqslant z\}=P\left\{\frac{2-X}{X}\leqslant z\right\}=P\left\{\frac{2}{X}-1\leqslant z\right\}=P\left\{X\geqslant\frac{2}{z+1}\right\},$$

当 $z\leqslant -1$ 时,$F_Z(z)=0$;

当 $z>1$ 时,$F_Z(z)=1-P\left\{X\leqslant\frac{2}{z+1}\right\}=1-\int_0^{\frac{2}{z+1}}1\mathrm{d}x=1-\frac{2}{z+1}$;

当 $-1<z\leqslant 1$ 时,$F_Z(z)=0$.

所以 $f_Z(z)=F'_Z(z)=\begin{cases}\frac{2}{(z+1)^2}, & z\geqslant 1,\\ 0, & z<1.\end{cases}$

(3)方法一

$$E\left(\frac{X}{Y}\right)=E\left(\frac{X}{2-X}\right)=\int_{-\infty}^{+\infty}\frac{x}{2-x}\cdot f_X(x)\mathrm{d}x=\int_0^1\frac{x}{2-x}\mathrm{d}x=2\ln 2-1.$$

方法二

由于 $\frac{X}{Y}=\frac{1}{Z}$,$E\left(\frac{X}{Y}\right)=E\left(\frac{1}{Z}\right)=\int_1^{+\infty}\frac{1}{z}\frac{2}{(z+1)^2}\mathrm{d}z=2\left(\frac{1}{z+1}+\ln\left(\frac{z}{z+1}\right)\right)\Big|_1^{+\infty}=$ $2\ln 2-1$.

2022年全国硕士研究生入学统一考试数学(一)概率论与数理统计部分试题答案

一、1. C.　2. A.　3. D.

二、$\frac{5}{8}$.

三、**解** 由题意可知,总体 X,Y 的概率密度分别为

$$f_X(x)=\begin{cases}\frac{1}{\theta}\mathrm{e}^{-\frac{x}{\theta}}, & x\geqslant 0,\\ 0, & \text{其他},\end{cases}\qquad f_Y(y)=\begin{cases}\frac{1}{2\theta}\mathrm{e}^{-\frac{y}{2\theta}}, & y\geqslant 0,\\ 0, & \text{其他},\end{cases}$$

且 X 与 Y 相互独立,故 $f(x,y)=f_X(x)f_Y(y)$.

似然函数为 $L(\theta)=\prod_{i=1}^{n}f(x_i)\cdot\prod_{j=1}^{m}f(y_j)=\frac{1}{\theta^n}\cdot\mathrm{e}^{-\frac{1}{\theta}\sum_{i=1}^{n}x_i}\cdot\frac{1}{(2\theta)^m}\cdot\mathrm{e}^{-\frac{1}{2\theta}\sum_{j=1}^{m}y_j}$,

两边取对数得 $\ln L(\theta)=-n\ln\theta-\frac{1}{\theta}\sum_{i=1}^{n}x_i-m\ln(2\theta)-\frac{1}{2\theta}\sum_{j=1}^{m}y_j$.

对 θ 求导得 $\frac{\mathrm{d}\ln L(\theta)}{\mathrm{d}\theta}=-\frac{n}{\theta}+\frac{1}{\theta^2}\sum_{i=1}^{n}x_i-\frac{m}{\theta}+\frac{1}{2\theta^2}\sum_{j=1}^{m}y_j$,令 $\frac{\mathrm{d}\ln L(\theta)}{\mathrm{d}\theta}=0$,得 $\hat{\theta}=\frac{n\overline{X}+\frac{m}{2}\overline{Y}}{n+m}$,

于是

$$D(\hat{\theta})=\frac{1}{(n+m)^2}\left[n^2D(\overline{X})+\frac{m^2}{4}D(\overline{Y})\right]=\frac{1}{(n+m)^2}\left[n\theta^2+\frac{m}{4}(2\theta)^2\right]=\frac{\theta^2}{(n+m)}.$$

2023年全国硕士研究生入学统一考试数学(一)概率论与数理统计部分试题答案

一、1. C.　　2. D.　　3. A.

二、$\frac{1}{3}$.

三、解　$f_X(x)=\begin{cases}\int_{-\infty}^{+\infty}f(x,y)\mathrm{d}y=\frac{4}{3\pi}(1+2x^2)\sqrt{1-x^2}, & -1\leqslant x\leqslant 1,\\ 0, & \text{其他}.\end{cases}$

同理 $f_Y(y)=\begin{cases}\frac{4}{3\pi}(1+2y^2)\sqrt{1-y^2}, & -1\leqslant y\leqslant 1,\\ 0, & \text{其他}.\end{cases}$

(1) 由积分区域 $x^2+y^2\leqslant 1$ 的对称性，易得

$$E(XY)=\iint\limits_D xyf(x,y)\mathrm{d}x\mathrm{d}y=\iint\limits_{x^2+y^2\leqslant 1}xy\frac{2}{\pi}(x^2+y^2)\mathrm{d}x\mathrm{d}y=0,$$

$$E(X)=\int_{-1}^{1}xf_X(x)\mathrm{d}x=0,\text{同理 }E(Y)=0,$$

$$E(X^2)=\iint\limits_D x^2f(x,y)\mathrm{d}x\mathrm{d}y=\iint\limits_{x^2+y^2\leqslant 1}x^2\frac{2}{\pi}(x^2+y^2)\mathrm{d}x\mathrm{d}y$$

$$=\frac{2}{\pi}\int_0^{2\pi}\cos^2\theta\mathrm{d}\theta\int_0^1 r^5\mathrm{d}r=\frac{2}{\pi}\cdot 2\pi\cdot\frac{1}{2}\cdot\frac{1}{6}=\frac{1}{3}.$$

故 $\mathrm{Cov}(X,Y)=E(XY)-E(X)E(Y)=0$.

$D(X)=E(X^2)-(E(X))^2=\frac{1}{3}$,由对称性可知 $D(Y)=\frac{1}{3}$.

(2) 由于 $f_X(x)=\begin{cases}\int_{-\infty}^{+\infty}f(x,y)\mathrm{d}y=\frac{4}{3\pi}(1+2x^2)\sqrt{1-x^2}, & -1\leqslant x\leqslant 1,\\ 0, & \text{其他},\end{cases}$

$$f_Y(y)=\begin{cases}\frac{4}{3\pi}(1+2y^2)\sqrt{1-y^2}, & -1\leqslant y\leqslant 1,\\ 0, & \text{其他},\end{cases}$$

$f_X(x)\cdot f_Y(y)\neq f(x,y)$,故随机变量 X 与 Y 不独立.

(3) 随机变量 $Z=X^2+Y^2$ 的分布函数为 $F_Z(z)=P\{Z\leqslant z\}=P\{X^2+Y^2\leqslant z\}$.

易知 $z\leqslant 0$ 时，$F_Z(z)=0$；$z>1$ 时，$F_Z(z)=1$；当 $0<z\leqslant 1$ 时，

$$F_Z(z)=P\{X^2+Y^2\leqslant z\}=\iint\limits_{x^2+y^2\leqslant z}f(x,y)\mathrm{d}x\mathrm{d}y=\iint\limits_{x^2+y^2\leqslant z}\frac{2}{\pi}(x^2+y^2)\mathrm{d}x\mathrm{d}y$$

$$=\frac{2}{\pi}\int_0^{2\pi}\mathrm{d}\theta\int_0^{\sqrt{z}}r^2r\mathrm{d}r=z^2,$$

所以 $F_Z(z)=\begin{cases}0, & z\leqslant 0,\\ z^2, & 0<z\leqslant 1,\\ 1, & z<1,\end{cases}$ Z 的概率密度为 $f_Z(z)=F'_Z(z)=\begin{cases}2z, & 0<z\leqslant 1,\\ 0, & \text{其他}.\end{cases}$

附录2

期末考试模拟题及答案

期末考试模拟题一

一、填空题(本题共10小题,每小题3分,共30分)

1. 做试验“将一枚均匀的硬币抛掷三次”,则恰有一次出现正面的概率为________.

2. 若随机事件A,B相互独立,且$P(A\cup B)=0.6,P(A)=0.4$,则$P(B)=$________.

3. 设随机变量X具有概率密度$f(x)=Ce^{-|x|}(-\infty<x<+\infty)$,则$C=$________.

4. 已知随机变量X服从均匀分布,概率密度$f(x)=\begin{cases}\frac{1}{2\pi}, & 0\leqslant x\leqslant 2\pi,\\ 0, & 其他,\end{cases}$则$E(\sin X)=$________.

5. 设二维随机变量(X,Y)的联合分布律如下表:

X \ Y	0	1
1	A	$\frac{1}{5}$
2	$\frac{17}{60}$	$\frac{7}{15}$

X与Y________.(填独立或不独立)

6. 某人射击,每次命中率均为0.8,今射击6次,则恰好击中2次的概率为________.

7. 设随机变量(X,Y)具有概率密度$f(x,y)=\begin{cases}A(2x^2+xy), & 0<x<1,0<y<2,\\ 0, & 其他,\end{cases}$则$A=$________.

8. 为确定某种溶液中的甲醛浓度,测得其样本容量为$n=4$的样本平均值$\bar{x}=8.34\%$,其样本标准差$s=0.03\%$,若已知浓度总体服从正态分布,则其均值μ的95%的置信区间是________.($t_{0.025}(3)=3.1824,t_{0.05}(3)=2.3534$)(结果保留小数点后两位)

9. 设X_1,X_2,X_3是来自于正态总体$N(\mu,16)$的一个样本,两个总体均值μ估计量如下:

$$\hat{\mu}_1=\frac{1}{2}X_1+\frac{1}{4}X_2+\frac{1}{4}X_3,\quad \hat{\mu}_2=\frac{1}{3}X_1+\frac{1}{3}X_2+\frac{1}{3}X_3$$

这两个无偏估计量哪一个更有效________.

10. 设总体X服从正态分布$N(0,4)$,$X_1,X_2,\cdots,X_{15}$是来自总体的一组简单随机样本,则随机变量$Y=\dfrac{X_1^2+X_2^2+\cdots+X_{10}^2}{2(X_{11}^2+X_{12}^2+\cdots+X_{15}^2)}\sim$________.

二、计算题(共 12 分) 设某工厂有甲、乙、丙三个车间生产同一种产品，其中甲车间的产量占全厂的 45%，乙车间的产量占全厂的 35%，丙车间的产量占全厂的 20%，平均来说，甲、乙、丙三个车间的次品率为 4%，2%，5%，现在从一批产品中随机取一件，发现是次品. 问：该次品是由哪个车间生产的可能性最大？

三、计算题(共 12 分) 已知随机变量 X 具有分布律

X	1	2	3
p_k	0.3	0.5	0.2

求：(1) $P\{1.5<X\leqslant 3\}$； (2) 随机变量 X 的分布函数； (3) $D(X)$.

四、计算题(共 14 分)　设二维随机变量(X,Y)具有联合概率密度

$$f(x,y)=\begin{cases} x+y, & 0<x<1,0<y<1, \\ 0, & \text{其他}, \end{cases}$$

求 $\mathrm{Cov}(X,Y)$.

五、计算题(共 12 分)　设总体 X 服从参数λ 的泊松分布,参数λ 未知,$X_1,X_2,\cdots,X_n$ 是来自总体的一个样本,求参数λ 的最大似然估计量.

六、计算题(共 12 分)　测定某种溶液中的含水量，由它的 10 个测定值算出样本均值 $\overline{x}=0.452\%$，样本标准差 $s=0.037\%$，设测定值总体服从正态分布，能否认为该溶液含水量等于 0.5%（取 $\alpha=0.05$）.（已知：$t_{0.025}(9)=2.2622$，$t_{0.025}(10)=2.2281$，$t_{0.05}(9)=1.8331$，$t_{0.05}(10)=1.8125$.）

七、证明题(共 8 分)　证明：样本方差是总体方差的无偏估计.

期末考试模拟题二

一、填空题(本题共 10 小题,每小题 3 分,共 30 分)

1. 把一颗骰子先后掷两次.设 A 表示事件"两次骰子点数之和为 5",则 $A=$________.

2. 设随机变量 X 具有概率密度 $f(x)=\begin{cases}Kx, & 0\leqslant x<3,\\ 2-\dfrac{x^2}{2}, & 3\leqslant x\leqslant 4,\\ 0, & 其他,\end{cases}$ 则常数 $K=$________.

3. 若事件 A,B 相互独立,且 $P(A)=0.6,P(B)=0.1$,则 $P(\overline{A}\,\overline{B})=$________.

4. 随机变量 X 的分布律为

X	-3	1	3
p_k	0.3	0.6	0.1

则 $P\left\{0<X<\dfrac{5}{2}\right\}=$________.

5. 设随机变量 $X\sim N(1,2^2)$,则 $P\{X<1\}=$________.

6. 设两个相互独立的事件 A 和 B 都不发生的概率为 $\dfrac{1}{9}$,A 发生 B 不发生的概率与 B 发生 A 不发生的概率相等,则 $P(A)=$________.

7. 设随机抽取某品种玉米株高数据(单位:cm)如下:

170　180　270　280　250　270　290　270　230　170

由以往资料,该玉米株高服从正态分布,方差为 25,则该品种玉米株高总体均值 μ 的置信度为 95%的置信区间为________.($z_{0.025}=1.96,z_{0.05}=1.645$)(保留小数点后两位)

8. 已知随机变量 X 服从均匀分布,随机变量 X 的概率密度

$$f(x)=\begin{cases}\dfrac{1}{2\pi} & 0\leqslant x\leqslant 2\pi,\\ 0, & 其他,\end{cases}$$

则 $E(\sin X)=$________.

9. 设总体 $X\sim N(\mu,\sigma^2)$,其中 μ 未知,σ^2 已知,而 $X_1,X_2,\cdots,X_n$ 是来自总体 X 的一个样本,则在下列样本函数中:(1)$\dfrac{2}{5}X_1+\dfrac{1}{5}X_2+\dfrac{2}{5}X_3$,(2) $\dfrac{1}{3}(X_2+2\mu)$,(3) σX_3,是统计量的有________.

10. 设 $X_1\sim N(\mu,\sigma^2)$,$X_2\sim N(0,1)$,$X_3\sim N(0,1)$,且 X_1,X_2,X_3 相互独立,则 $\dfrac{\dfrac{X_1-\mu}{\sigma}}{\sqrt{\dfrac{X_2^2+X_3^2}{2}}}\sim$________.

二、计算题(共 12 分)　在 1500 个产品中有 400 个次品,1100 个正品,今从中任取 200 个,求:

(1) 恰有 90 个次品的概率;(只要求列式)

（2）求至少有 2 个次品的概率.（只要求列式）

三、计算题(共 12 分)　设随机变量 X 的概率密度为 $f(x)=\begin{cases}2(1-x^2), & 1\leqslant x\leqslant 2,\\ 0, & \text{其他},\end{cases}$

求：（1）随机变量 X 的分布函数 $F(x)$；（2）$P\left\{\frac{5}{3}<X<3\right\}$.

四、计算题(共 12 分)　设(X,Y)的概率分布如下表：

X \ Y	-1	0	2
0	0.1	0.2	0
1	0.3	0.05	0.1
2	0.15	0	0.1

（1）求 X 与 Y 的边缘分布律；

（2）判定 X 与 Y 是否独立.

五、计算题(共12分) 设总体 X 服从参数为 λ 的指数分布,其中参数 λ 未知,$(x_1, x_2, \cdots, x_n)$是来自总体 X 的样本值,试求未知参数 λ 的最大似然估计值.

六、计算题(共12分) 某班25名学生在一次数学测验中平均分为87分,标准差8分.已知参加这一测验的全体学生平均分为83分.且可以认为数学测验成绩服从正态分布,问这个班平均分与总体平均分之间有没有显著差异.(取 $\alpha=0.05$)($z_{0.025}=1.96, z_{0.05}=1.65$)

七、计算题(共10分) 设 X_1, X_2, X_3, X_4, X_5 是来自标准正态总体 $N(0,1)$的一个样本,试确定常数 C,使随机变量 $Y=\dfrac{C(X_1+X_2)}{\sqrt{X_3^2+X_4^2+X_5^2}}$服从 t 分布.

期末考试模拟题三

一、填空题(每空 3 分,共 30 分)

1. 设 $P(A)=0.2$,$P(B)=0.3$,$P(A|B)=0.7$,则 $P(AB)=$________，$P(A\cup B)=$________.

2. 设 A,B,C 为三事件,则"A,B,C 都不发生"这一事件可表示为________.

3. 已知随机变量 $X\sim U[3,9]$,则 $E(X)=$________.

4. 将一枚硬币抛掷三次,观察正面、反面出现的情况,若 A 表示至少出现一次正面,则 $P(A)=$________.

5. 在 500 个人组成的团体中,恰有 5 个人的生日是元旦的概率为________.(只要求写出表达式)

6. 设随机变量 ξ,η 相互独立,ξ 服从(0-1)分布($p=0.3$),η 服从泊松分布($E(\eta)=0.5$),则 $D(\xi+\eta)=$________.

7. 已知随机变量 X 的分布律为

X	1	2	3
p	0.2	0.6	K

则常数 $K=$________.

8. 设 X_1,X_2,X_3 是来自于正态总体 $N(\mu,16)$的一个样本(μ 未知),两个总体均值 μ 估计量如下:

$$\widehat{\mu_1}=\frac{1}{6}X_1+\frac{1}{6}X_2+\frac{1}{3}X_3,\qquad \widehat{\mu_2}=\frac{1}{5}X_1+\frac{1}{5}X_2+\frac{3}{5}X_3,$$

这两个估计量中无偏估计是________.

9. 设 $X\sim N(0,1)$,$Y\sim\chi^2(25)$,且 X 与 Y 相互独立,则 $\dfrac{5X}{\sqrt{Y}}\sim$________分布.

二、计算题(10 分)　从一副扑克牌(52 张,不包括大小王)中任取 13 张,试求下列事件的概率:

(1) 恰有 2 张红桃,3 张方块;

(2) 至少有 2 张红桃.(只要求列式)

三、计算题(8 分) 设 ξ 的分布律为

ξ	-2	-1	0	1	2
p_k	0.1	0.15	0.2	0.25	0.3

求 $\eta=\xi^2-1$ 的分布律.

四、计算题(10 分) 已知随机变量 X 具有概率密度函数 $\varphi(x)=\begin{cases}Ax, & 0<x<1, \\ 0, & \text{其他}.\end{cases}$
求:(1) 常数 A;(2) $P\{X\leqslant 2\}$;(3) 随机变量 X 的分布函数 $F(x)$.

五、 计算题(8 分) 已知随机变量 X 具有分布律

X	-1	0	1	2	3
p	0.2	0.3	0.2	0.1	0.2

求 $D(X)$.

六、计算题(10 分)　已知二维随机变量(X,Y)的联合密度函数为$f(x,y)=\dfrac{20}{\pi^2(16+x^2)(25+y^2)}$.

(1) 求二维随机变量(X,Y)的边缘密度函数；

(2) 判定X,Y是否相互独立.

七、计算题(10 分)　设总体X的概率密度函数为$f(x;\theta)=\begin{cases}\dfrac{1}{\theta}, & 0\leqslant x\leqslant\theta,\\ 0, & \text{其他},\end{cases}$其中参数$\theta$未知，$X_1,X_2,\cdots,X_n$是来自总体$X$的一个样本，试求未知参数$\theta$的矩估计量.

八、计算题(8 分)　已知某种棉花的纤度服从$N(\mu,0.048^2)$，现从2018年收获的棉花中任取8个样品，测得纤度为1.4，1.38，1.32，1.42，1.36，1.44，1.32，1.36. 问：2018年棉花纤度的方差与已知纤度的方差是否相同？(取$\alpha=0.10$)(已知$\chi^2_{0.95}(7)=1.145$，$\chi^2_{0.05}(7)=11.071$)

九、证明题(6 分)　设总体X服从参数为θ的指数分布，试证：当$n>1$时，θ的无偏估计量$\overline{X}$较θ的无偏估计量nZ有效. (已知$D(Z)=\dfrac{\theta^2}{n^2}$)

期末考试模拟题一参考答案

一、1. $\frac{3}{8}$； 2. $\frac{1}{3}$； 3. 1/2； 4. 0； 5. 不独立；

6. $C_6^2(0.8)^2(0.2)^4$； 7. $\frac{3}{7}$； 8. (8.29%，8.39%)； 9. $\hat{\mu}_2$； 10. $F(10,5)$.

二、**解** 设 A_1,A_2,A_3 分别表示产品由甲、乙、丙三个车间厂生产；B 表示产品是次品. 由已知条件得

$$P(A_1)=0.45,P(A_2)=0.35,P(A_3)=0.2,$$
$$P(B|A_1)=0.04,P(B|A_2)=0.02,P(B|A_3)=0.05.$$

(1) 由全概率公式得

$$\begin{aligned}P(B)&=P(A_1)P(B|A_1)+P(A_2)P(B|A_2)+P(A_3)P(B|A_3)\\&=0.45\times0.04+0.35\times0.02+0.2\times0.05=0.035.\end{aligned}$$

(2) 由贝叶斯公式得

$$P(A_1|B)=\frac{0.45\times0.04}{0.035}=0.514,\qquad P(A_2|B)=\frac{0.35\times0.02}{0.035}=0.200,$$

$$P(A_3|B)=\frac{0.20\times0.05}{0.035}=0.286.$$

因为 $0.514>0.286>0.200$，所以该次品由甲车间生产的可能性最大.

三、**解** (1) $P\{1.5<x\leqslant3\}=0.5+0.2=0.7$.

(2) $F(x)=\begin{cases}0, & x<1,\\0.3, & 1\leqslant x<2,\\0.8, & 2\leqslant x<3,\\1, & x\geqslant3.\end{cases}$

(3) $E(X)=0.3\times1+0.5\times2+0.2\times3=1.9$,

$E(X^2)=1\times0.3+4\times0.5+9\times0.2=4.1$， $D(X)=E(X^2)-(E(X))^2=0.49$.

四、**解** $f_X(x)=\int_{-\infty}^{+\infty}f(x,y)\mathrm{d}y=\begin{cases}\int_0^1(x+y)\mathrm{d}y=x+\frac{1}{2}, & 0<x<1,\\0, & \text{其他},\end{cases}$

$E(X)=\int_0^1 x\left(x+\frac{1}{2}\right)\mathrm{d}x=\frac{7}{12}$；

由对称性得 $f_Y(y)=\begin{cases}y+\frac{1}{2}, & 0<y<1,\\0, & \text{其他},\end{cases}$ $E(Y)=\frac{7}{12}$,

$E(XY)=\int_0^1\int_0^1 xy(x+y)\mathrm{d}x\mathrm{d}y=\frac{1}{3}$， $\mathrm{Cov}(X,Y)=E(XY)-E(X)E(Y)=-\frac{1}{144}$.

五、**解** X 的概率分布为 $P\{X=k\}=\frac{\lambda^k\mathrm{e}^{-\lambda}}{k!},k=0,1$.

（1）构造似然函数 $L(x_1,\cdots,x_n,\lambda)=\prod_{i=1}^{n}\frac{\lambda^{x_i}e^{-\lambda}}{x_i!}=\frac{\lambda^{\sum_{i=1}^{n}x_i}e^{-n\lambda}}{(\prod_{i=1}^{n}x_i!)}$；

（2）取对数得 $\ln L(x_1,\cdots,x_n,\lambda)=\sum_{i=1}^{n}x_i\ln\lambda-n\lambda-\ln(\prod_{i=1}^{n}x_i!)$；

（3）对 λ 求导数，并令其等于零，得 $\frac{\mathrm{d}\ln L}{\mathrm{d}\lambda}=\frac{1}{\lambda}\sum_{i=1}^{n}x_i-n=0$；

（4）求解：最大似然估计量 $\hat{\lambda}=\frac{1}{n}\sum_{i=1}^{n}X_i$.

六、**解** （1）检验假设 $H_0:\mu=0.5\%$ $H_1:\mu\neq0.5\%$；

（2）检验统计量 $T=\frac{\overline{X}-\mu_0}{S/\sqrt{n}}=\frac{0.452-0.5}{0.037/\sqrt{10}}=-4.1024$；

（3）拒绝域为 $|T_0|>t_{0.025}(9)$，又 $t_{0.025}(9)=2.2622$，则 $|T_0|>2.2622$；

（4）因为 $|T_0|=4.1024>2.2622$，所以统计量落在拒绝域内，拒绝 H_0.

（5）则不能认为该溶液含水量等于0.5%.

七、**证** 由于 $S^2=\frac{1}{n-1}\sum_{i=1}^{n}(X_i-\overline{X})^2$，故

$$E(S^2)=E\left[\frac{1}{n-1}(\sum_{i=1}^{n}X_i^2-n\overline{X}^2)\right]=\frac{1}{n-1}\left[\sum_{i=1}^{n}E(X_i^2)-nE(\overline{X}^2)\right]$$

$$=\frac{1}{n-1}\left[\sum_{i=1}^{n}(\sigma^2+\mu^2)-n(\frac{\sigma^2}{n}+\mu^2)\right]=\sigma^2.$$

所以，样本方差是总体方差的无偏估计.

期末考试模拟题二参考答案

一、1. $A=\{(1,4),(2,3),(3,2),(4,1)\}$； 2. $\frac{25}{27}$； 3. 0.36； 4. 0.6； 5. 0.5；
6. $\frac{2}{3}$； 7. (8.29%，8.39%)； 8. 0； 9. (1),(3)； 10. $t(2)$.

二、**解** 设有 X 件次品，则

（1）$P\{X=90\}=\frac{C_{400}^{90}C_{1100}^{110}}{C_{1500}^{200}}$；

（2）$P\{X\geqslant2\}=1-P\{X=0\}-P\{X=1\}=1-\frac{C_{1100}^{200}}{C_{1500}^{200}}-\frac{C_{400}^{1}C_{1100}^{199}}{C_{1500}^{200}}$.

三、**解** （1）随机变量 X 的分布函数为

$$F(x)=\begin{cases}0, & x<1,\\ \int_1^x 2(1-t^2)\mathrm{d}t, & 1\leqslant x<2,\\ 1, & x\geqslant2\end{cases}=\begin{cases}0, & x<1,\\ 2x-\frac{2}{3}x^3-\frac{4}{3}, & 1\leqslant x<2,\\ 1, & x\geqslant2.\end{cases}$$

(2) $P\left\{\frac{5}{3}<X<3\right\}=F(3)-F\left(\frac{5}{3}\right)=1-\left(2\times\frac{5}{3}-\frac{2}{3}\times\frac{25}{9}-\frac{4}{3}\right)=\frac{23}{27}$.

四、解　(1) 把边缘分布列入联合分布律表中

X \ Y	-1	0	2	$p_{i\cdot}$
0	0.1	0.2	0	0.3
1	0.3	0.05	0.1	0.45
2	0.15	0	0.1	0.25
$p_{\cdot j}$	0.55	0.25	0.2	

(2) 由于 $0.55\times0.3\neq0.1$,所以 X 与 Y 不独立.

五、解　似然函数为 $L(\lambda)=\prod\limits_{i=1}^{n}f(x,\lambda)=\prod\limits_{i=1}^{n}\lambda e^{-\lambda x_i}=\lambda^n e^{-\lambda\sum\limits_{i=1}^{n}x_i}$,故对数似然函数为

$$\ln(L(\lambda))=n\ln\lambda-\lambda\sum_{i=1}^{n}x_i.$$

令 $\frac{d\ln(L(\lambda))}{d\lambda}=0$,即 $\frac{n}{\lambda}-\sum\limits_{i=1}^{n}x_i=0$,解得 $\lambda=\frac{\sum\limits_{i=1}^{n}x_i}{n}=\bar{x}$.

六、解　$H_0:\mu=\mu_0=87,H_1:\mu\neq\mu_0$

$$\text{拒绝域 } z=\left|\frac{\bar{x}-\mu_0}{\lambda/\sqrt{n}}\right|=\left|\frac{83-87}{8/\sqrt{25}}\right|=2.5,\quad z_{0.05}=1.65.$$

由于 $2.5>1.65$,z 的值落在拒绝域中,所以拒绝 H_0,认为平均分与总体平均分之间有显著差异.

七、证　由于 $X_1+X_2\sim N(0,2)$,$\frac{X_1+X_2}{\sqrt{2}}\sim N(0,1)$,$X_3^2+X_4^2+X_5^2\sim\chi^2(3)$,且 $\frac{X_1+X_2}{\sqrt{2}}$ 与 $X_3^2+X_4^2+X_5^2$ 相互独立,由 t 分布定义知

$$Y=\frac{(X_1+X_2)/\sqrt{2}}{\sqrt{(X_3^2+X_4^2+X_5^2)/3}}\sim t(3),\text{所以 } C=\sqrt{\frac{3}{2}}=\frac{\sqrt{6}}{2}.$$

期末考试模拟题三参考答案

一、1. 0.21,0.29;　2. $\overline{A}\,\overline{B}\,\overline{C}$;　3. 6;　4. 7/8;

5. $P\{\xi=5\}=C_{500}^{5}\left(\frac{1}{365}\right)^5\left(\frac{364}{365}\right)^{495}$;　6. 0.71;　7. 0.2;　8. $\hat{\mu}_2$;　9. $t(25)$.

二、解　设 A 表示"恰有 2 张红桃,3 张方块",B 表示"至少有 2 张红桃",则

$$P(A)=\frac{C_{13}^{2}C_{13}^{3}C_{26}^{8}}{C_{52}^{13}};P(B)=1-P(\overline{B})=1-\frac{C_{39}^{13}+C_{13}^{1}C_{39}^{12}}{C_{52}^{13}}.$$

三、解　由 $\eta=\xi^2-1$ 得 η 的取值为 $-1,0,3$，且

ξ	-2	-1	0	1	2
ξ^2-1	3	0	-1	0	3
p	0.1	0.15	0.2	0.25	0.3

所以 $\eta=\xi^2-1$ 的分布律为

ξ^2-1	-1	0	3
p	0.2	0.4	0.4

四、解　(1) 因为 $\int_{-\infty}^{+\infty}\varphi(x)\mathrm{d}x=\int_0^1 Ax\,\mathrm{d}x=A\int_0^1 x\,\mathrm{d}x=\frac{1}{2}A=1$，所以，$A=2$.

(2) $P\{X\leqslant 2\}=\int_0^1 2x\,\mathrm{d}x=1$.

(3) $F(x)=\begin{cases}0 & x<0,\\ \int_0^x 2t\,\mathrm{d}t & 0\leqslant x<1,\\ 1 & 1\leqslant x\end{cases}=\begin{cases}0, & x<0,\\ x^2, & 0\leqslant x<1,\\ 1, & 1\leqslant x.\end{cases}$

五、解　$E(X)=(-1)\times 0.2+0\times 0.3+1\times 0.2+2\times 0.1+3\times 0.2=0.8$，

$E(X^2)=(-1)^2\times 0.2+0^2\times 0.3+1^2\times 0.2+2^2\times 0.1+3^2\times 0.2=2.6$，

$D(X)=E(X^2)-(E(X))^2=1.96$.

六、解　(1) $f_X(x)=\int_{-\infty}^{+\infty}\frac{20}{\pi^2(16+x^2)(25+y^2)}\mathrm{d}y=\frac{4}{\pi^2(16+x^2)}(-\infty<x<+\infty)$；

同理 $f_Y(y)=\frac{5}{\pi^2(25+y^2)}\ (-\infty<y<+\infty)$.

(2) 因为 $f_X(x)f_Y(y)=f(x,y)$，所以 X 与 Y 相互独立.

七、解　总体矩 $\mu_1=E(X)=\int_0^\theta x\cdot\frac{1}{\theta}\mathrm{d}x=\frac{\theta}{2}$，样本矩 $A_1=\overline{X}$，因为 $\mu_1=A_1$，即 $\frac{\theta}{2}=\overline{X}$，所以 $\hat{\theta}=2\overline{X}$.

八、解　(1) 由题意检验假设为 H_0：$\sigma^2=\sigma_0^2=0.048^2$；$H_1$：$\sigma^2\neq 0.048^2$.

(2) $n=8$，$\bar{x}=1.375$，$s^2=0.0019$，检验统计量 $\chi^2=\frac{(n-1)s^2}{\sigma_0^2}=5.816$；

(3) $\chi^2_{1-\frac{0.1}{2}}(7)=1.145$，$\chi^2_{\frac{0.1}{2}}(7)=11.071$.

拒绝域为 $\chi^2>\chi^2_{\frac{\alpha}{2}}(n-1)$ 或 $\chi^2<\chi^2_{1-\frac{\alpha}{2}}(n-1)$，但 $1.145<5.816<11.071$.

(4) 接受原假设，认为 2018 年棉花纤度的方差与已知纤度的方差无显著不同.

九、证　由于 $D(X)=\theta^2$，故 $D(\overline{X})=\frac{\theta^2}{n}$，由于 $D(Z)=\frac{\theta^2}{n^2}$，故 $D(nZ)=n^2\cdot\frac{\theta^2}{n^2}=\theta^2$. 当 $n>1$ 时 $D(\overline{X})<D(nZ)$，所以 $D(\overline{X})$ 比 $D(nZ)$ 更有效.